Philipp Barth

AUFMERKSAMKEIT

Wie gute Werbung wirklich funktioniert

Rheinwerk
Design

Wir hoffen, dass Sie Freude an diesem Buch haben und sich Ihre Erwartungen erfüllen. Ihre Anregungen und Kommentare sind uns jederzeit willkommen. Bitte bewerten Sie doch das Buch auf unserer Website unter **www.rheinwerk-verlag.de/feedback**.

An diesem Buch haben viele mitgewirkt, insbesondere:

Lektorat Ruth Lahres
Korrektorat Petra Bromand, Düsseldorf
Herstellung Vera Brauner
Typografie und Layout Vera Brauner
Einbandgestaltung Mai Loan Nguyen Duy
Coverbild unsplash©Michal Grosicki
Satz MWK Zimmermann & Hähnel GmbH, Köln
Druck Media-Print, Paderborn

Dieses Buch wurde gesetzt aus der FF DIN (9,25 pt/15 pt) in Adobe Indesign CC.
Gedruckt wurde es auf mattgestrichenem Bilderdruckpapier (115 g/m²).
Hergestellt in Deutschland.

Bibliografische Information der Deutschen Nationalbibliothek:
Die Deutsche Nationalbibliothek verzeichnet diese Publikation in der Deutschen Nationalbibliografie; detaillierte bibliografische Daten sind im Internet über *http://dnb.d-nb.de* abrufbar.

ISBN 978-3-8362-5672-8

1. Auflage 2018

Informationen zu unserem Verlag und Kontaktmöglichkeiten finden Sie auf unserer Verlagswebsite **www.rheinwerk-verlag.de**. Dort können Sie sich auch umfassend über unser aktuelles Programm informieren und unsere Bücher und E-Books bestellen.

Liebe Leserin, lieber Leser,

ich mag dieses Buch. Ich finde es informativ und witzig zugleich – es lässt sich angenehm lesen, vermittelt unheimlich viel Wissen rund um das Thema »Gute Werbung« und schafft es dabei noch, uns nicht zu langweilen. Ich habe mir begleitend die Werbefilme angesehen, die Philipp Barth zur Verdeutlichung seiner Erklärungen anführt: Meine Kollegen hier im Verlag waren manchmal neidisch, wenn bei mir der TUI-Teddy (Seite 72) oder gutaussehende Werbeträger für Axe (Seite 14) über den Computerbildschirm flimmerten. Manchmal ist das Leben einer Lektorin doch schön!

Aber ... nun zum Buch. Wenn Sie einen tiefen Einblick in die Mechanismen guter Werbung erhalten möchten, dann sind Sie hier richtig. Besonders hilfreich werden Sie die beiden Kapitel 5 und 6 finden, die Sie mit Strategien für die Ideenfindung geradezu bombardieren: sie erläutern zehn Kreativmechanismen und zehn Ideenschubladen. Die Methoden sind anwendbar, wenn Sie im Team oder alleine nach einer guten Idee für einen Werbeslogan oder eine komplette Werbekampagne suchen. Sie helfen Ihnen, gedanklich neue Positionen einzunehmen und so Kreativität freizusetzen. Mit realen Werbebeispielen untermauert, verstehen Sie die Mechanismen schnell und können sie umgehend selbst anwenden.

Nun wünsche ich Ihnen ebenso viel Freude beim Lesen, wie ich sie hatte. Sollten Sie Hinweise, Anregungen, Kritik oder Lob an uns weitergeben wollen, so freue ich mich über Ihre E-Mail.

Ihre Ruth Lahres
Lektorat Rheinwerk Design

ruth.lahres@rheinwerk-verlag.de
www.rheinwerk-verlag.de
Rheinwerk Verlag • Rheinwerkallee 4 • 53227 Bonn

Inhalt

KAPITEL 7

KAPITEL 8

KAPITEL 9

KAPITEL 10

KAPITEL 11

VORWORT
EIN BUCH, DAS DU VERGESSEN KANNST

Der Start als Kreativer ist geprägt von Trial and Error. »Mach's mal geiler«, sagt der Kreativdirektor. Wie das geht, sagt er leider selten. Manchmal hört man schlaue Sprüche wie »Regel 1: Es gibt keine Regeln«. Das klingt cool und ist gar nicht so falsch, bringt Einsteigern aber wenig. Aus diesem Grund habe ich das Buch geschrieben und kurzerhand im Eigenverlag veröffentlicht. Es freut mich, dass der Rheinwerk Verlag es nun in einer zweiten, aktualisierten Auflage einem größeren Leserkreis zugänglich macht.

Beim Schreiben des Buchs stand ich vor einem Dilemma: Ein Lehrbuch basiert auf Regeln, Kreation aber auf dem Gegenteil davon, dem Brechen von Regeln. Tatsächlich sind Regeln Gift für Kreativität. Sie schränken die Gedanken ein und zwingen sie auf bekannte Wege.

Meine Lösung: Ein Buch, das funktioniert wie die Stützräder eines Fahrrads. Am Anfang braucht man sie noch. Aber nach einiger Zeit kommt man auch ohne sie aus. Ich hoffe, mit meinem Buch ist es genauso.

Ich wollte kein Marketinglexikon schreiben, das jedes Buzzword aufgreift. Lieber möchte ich dir ein grundlegendes Verständnis dafür vermitteln, wie interessante Werbung funktioniert, und dir helfen, praktisch und konkret an deine Aufgaben heranzugehen. Ich wünsche dir eine inspirierende Lektüre.

Die Links zu den Filmen im Buch

Dieses Buch lebt auch von seinen Beispielen. Damit du einen schnellen Zugriff auf die besprochenen Werbefilme hast, haben wir dir auf der Website zum Buch eine Linkliste zusammengestellt: Unter *www.rheinwerk-verlag.de/aufmerksamkeit_4451/* gehst du bitte ganz nach unten bis zum Kasten »Materialien zum Buch«. Dort klickst du auf den Link »Zu den Materialien«.

KAPITEL 1
AUFMERKSAMKEIT: DIE WICHTIGSTE WÄHRUNG DER WELT

Neben €uro, U$-Dollar und ¥en gibt es noch eine Währung der etwas anderen Art: Aufmerksamkeit. Gemessen in Likes, Shares, Klicks, Comments, Blicken und Verweildauer.

Aufmerksamkeit ist besonders für Unternehmen wertvoll, die ihre Produkte oder Dienstleistungen bewerben wollen. Denn wer etwas zu sagen hat, braucht jemanden, der zuhört. Hier kommen Agenturen ins Spiel. Sie entwickeln Ideen und Geschichten, die so interessant sind, dass sich die Menschen freiwillig damit beschäftigen.

Als Phil Knight, der Gründer von Nike, 1982 der Agentur Wieden + Kennedy seinen Werbeetat übertrug, stellte er sich der Agentur mit den Worten vor: »I'm Phil Knight and I hate advertising.« Phil Knight ist keine Ausnahme. Deshalb darf Werbung keine bloße Reklame sein. Sie muss etwas Interessantes sein. Oder etwas Nützliches. Oder am besten beides.

»Wir wollten etwas kreieren, das auf die Leute wie ein Geschenk wirkt, nicht irgendetwas, was sie annervt.«

Nizan Guanaes, Kreativchef der brasilianischen Agentur DM9DDB

Der Kampf um Aufmerksamkeit

Unser Gehirn hat sich seit der industriellen Revolution nicht verändert, unsere Welt dagegen schon. Sie ist digital, vernetzt und schnell geworden. Jeden Tag prasseln von allen Seiten unzählige Informationen auf uns ein. Unser Gehirn untersucht permanent die Informationen, die ihm über unsere Sinne geliefert werden. Dieser Vorgang läuft unbewusst ab. Dabei sind es vor allem Abweichungen vom Gewöhnlichen, die unser Gehirn sucht. Warum ist das so?
Es liegt daran, dass unser Hirn noch auf dem Entwicklungsstand eines Steinzeitjägers ist. Abweichungen vom Altbekannten können auf eine Gefahr oder einen Nutzen hinweisen. Nur, wenn der Jäger die Abweichung blitzschnell erkennt und sofort reagiert, kann er überleben.
Für die Kommunikation bedeutet das: Gewöhnliches wird ausgeblendet. Nur Außergewöhnliches schafft es, die Barriere zu durchdringen und bewusst wahrgenommen zu werden.

»Resist the usual.«

Raymond Rubicam, Gründer von Y&R

Die Aufgabe eines Kreativen ist es also, Ideen zu entwickeln, die

- erstens aus der Reihe tanzen und
- zweitens gleichzeitig die Werbebotschaft so verkünden, dass sie im Kopf bleibt.

Konzepte, die nur für Aufmerksamkeit sorgen, dabei aber keine relevante Botschaft kommunizieren, bringen nichts. Schließlich geht es am Ende immer um eine positive Aussage für das Produkt.
Das Produkt mag noch so schön und großartig sein, das Versprechen noch so gut, die Konditionen noch so verlockend: Wenn der Konsument die Werbung übersieht, dann bringt das alles nichts. Deine erste Aufgabe lautet also: »Get noticed!«, wie es Trevor Beattie von der Agentur Beattie McGuinness Bungay so treffend formulierte.

»Enemies of the ordinary.«

Ehemaliger Claim der Agentur DDB

Sixt: Angela Merkel. Hier ein Beispiel dafür, wie aus der Reihe tanzen konkret aussehen kann: die Merkel-Anzeige von Jung von Matt für Sixt, du kennst sie vermutlich. In einer Anzeige war Bundeskanzlerin Angela Merkel zu sehen. Überschrift: »Lust auf eine neue Frisur?« Das ist nichts Ungewöhnliches. Blätterte man aber um, sah man die Bundeskanzlerin mit Cabrio-Frisur: Ihr standen die Haare zu Berge. Überschrift: »Mieten Sie sich ein Cabrio.« Absender: Sixt.

Die Folgeseite ist ein Beispiel für ein Abweichen von der Norm. Die Norm ist eine ordentliche Frisur, die Abweichung davon die Cabrio-Frisur. Die visuelle Idee (wirre Frisur) erregt zum einen Aufmerksamkeit und zahlt zum anderen gleichzeitig auf die Botschaft ein (mieten Sie sich ein Cabrio).
Besonders reizvoll wurde die Anzeige auch dadurch, dass die Frisur der Bundeskanzlerin gerade im Gespräch war. Das Presseecho war enorm. Ganz Deutschland sprach darüber. Sixt hat für die Anzeige keine 100 000 Euro ausgegeben – und dafür durch die Berichterstattung einen Mediawert von rund 3,2 Millionen Euro generiert. Ein gutes Geschäft. Der Mechanismus zweier aufeinander folgender Anzeigen nennt man übrigens Teaser- und Follow-up-Motiv. Teaser heißt: Aufmerksamkeit erregen, auf etwas neugierig machen (to tease: necken, reizen).

Lynx: Ideal Woman. Ein weiteres Beispiel, um dieses Prinzip zu veranschaulichen, ist ein Werbespot zum Lynx-Effekt. In Deutschland besser bekannt als »Axe-Effekt«. Die Agentur Bartle Bogle Hegarty (BBH) zeigt darin attraktive Frauen, die sich (dank Lynx) so zu einem Mann hingezogen fühlen, dass sie sich in diesem Fall ganz anders verhalten, als man es erwarten würde.
Eine Frau steht zum Beispiel im Regen und spricht gut gelaunt in die Kamera: »Hi! You're not late, it's my watch – it's always fast.« Die Norm wäre, dass sie sich aufregt, weil der Mann zu spät ist und sie im strömenden Regen warten lässt. Die Abweichung von der Norm ist ihre Ausrede, ihre Uhr sei schuld.
Die Kamera fokussiert auf die Brüste einer Frau. Sie freut sich: »Oh, how nice, you noticed my breast.« Wie die Normreaktion auf so ein Verhalten aussieht, muss ich wohl nicht erklären.

Weitere Statements im Film:

- »If I wanted foreplay, I would have asked for it.«
- »You'll remember my birthday next year.«
- »Nach dem Sex läuft bei mir gar nichts mehr.«
- »She means nothing to you? Well, if you look at it that way – I forgive you.«
- »That is so funny, I collect comic-books, too.«
- »I could listen to you talking about football all day.«
- »Can I ask you a question? Do you mind if my best friend joins us?«

Am Ende sieht man einen betont durchschnittlichen Typen, der das Lynx-Deodorant verwendet. Lynx ist also das Zaubermittel, das dieses außergewöhnliche Verhalten der Frauen auslöst.

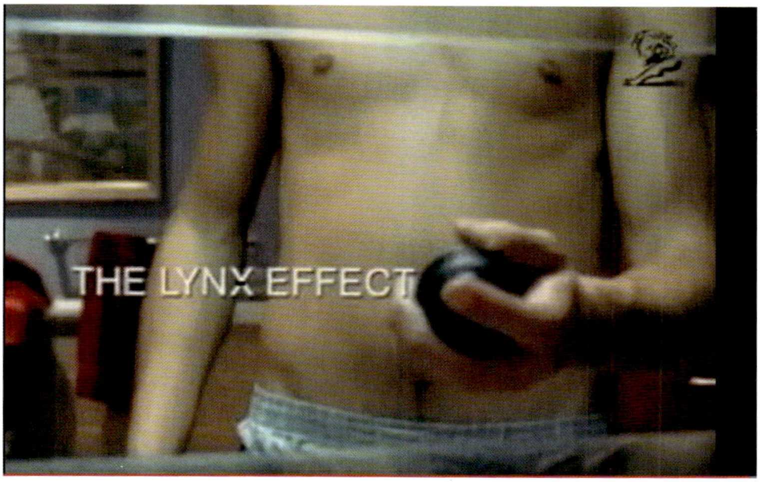

tinyurl.com/Lynx-women

Der Ansturm aufs Gehirn

Ein Deutscher wird heute täglich mit rund 10 000 Werbebotschaften bombardiert. Davon nimmt er maximal zwei Prozent wahr und merkt sich höchstens ein Prozent.[1] Kein besonders befriedigendes Ergebnis für die deutschen Werbetreibenden, die jedes Jahr rund 30 Milliarden Euro in die Branche pumpen.[2] Der Ansturm auf unsere Gehirne ist enorm. Und man muss dabei gar nicht an Werbebotschaften denken. Es beginnt schon bei den Markennamen. Seit dem Zweiten Weltkrieg wurden alleine in Deutschland rund 750 000 Markennamen registriert. Und alle haben nur ein Ziel: unser Langzeitgedächtnis.[3]

1 BGR: Wie Werbung wirkt. In: Süddeutsche Zeitung, Nr. 23/2014, 27./28.9.2014, V1 Beruf & Karriere.

2 30,9 Milliarden Euro 2016, Bruttowerbemarkt-Zahlen von Nielsen. URL: *http://www.horizont.net/marketing/nachrichten/Nielsen-Procter-Gamble-treibt-Brutto-Werbemarkt-2016-145435*

3 Imseng, Dominik: Der Werbeweltmeister. In: Das Magazin, Nr. 25/2006, Seite 35.

Das ist aber nur die Spitze des Eisbergs: Marken konkurrieren beim Kampf um Aufmerksamkeit nicht nur untereinander. Die Konkurrenz von Audi sind nicht nur BMW und Mercedes, sondern auch der neueste Filmtrailer aus Hollywood, der neueste Hit von Lady Gaga, die Nachricht des Tages, die Börsenkurse oder das Bundesligaspiel heute Abend. Die Aufmerksamkeit der Menschen ist begrenzt. Wer die interessanteste Geschichte erzählt, gewinnt.
Wie schwer es ist, auf sich aufmerksam zu machen, zeigt folgende Beobachtung: In Deutschland sind 60 bis 80 Prozent aller Neueinführungen zwölf Monate später aus den Regalen verschwunden. Die Produkte sind gefloppt.[4]

Wie erregen wir Aufmerksamkeit?

Es gibt verschiedene Möglichkeiten, mit der Werbung zum Verbraucher durchzudringen. Im Wesentlichen geht es dabei immer um ein Tauschgeschäft. Der Konsument tauscht seine Aufmerksamkeit ein – und erwartet dafür eine Gegenleistung.

Der Konsument tauscht seine Aufmerksamkeit gegen einen Nutzen ein

Bei einem Besuch in Barcelona wollte ich die Casa Milà von Gaudi besichtigen. Ein Geschäft neben dem Gebäude lockt Touristen raffiniert an: Im Laden kann man durch ein Fenster ein Foto vom tollen Innenhof der Casa Milà schießen – ohne sich regulär in der Schlange anzustellen und Eintritt zu bezahlen. Der Gedanke dahinter: Sind die Touristen erst einmal im Shop, finden sie bestimmt auch etwas Schönes. Der Kunde wird mit einem Vorteil angelockt. Er tauscht seine Aufmerksamkeit gegen Unterstützung ein. Sicher: Die Casa Milà sollte man unbedingt auch von innen sehen. Wer aber keine Zeit oder keine Lust hat, sich eine lange Schlange anzutun, für den ist ein kleiner Einblick besser als gar nichts.
Ein anderes Beispiel: Miguel, 21 Jahre, verkauft Schmuck am Strand von Zipolite in Mexiko. Er lebt davon. Sein Erfolgsgeheimnis beschreibt er so: »Ich will erst niemandem etwas verkaufen. Ich liefere Informationen. Die meisten Touristen sind interessiert an meinem Wissen um Zipolite, die Umgebung und

---

4 Müller, Tina und Schroiff, Hans-Willi: Die Todsünden des Marketings. In: Horizont, Nr. 34/2013, 22.8.2013, Seite 70.

ganz Mexiko. Wenn wir einmal in ein Gespräch verwickelt sind, gibt es kein Zurück mehr.«[5] Auch schlaue Obstverkäufer auf der griechischen Insel Santorini verfolgen diese Strategie: Sie verkaufen den Touristen nichts, sie schenken ihnen etwas. Zum Beispiel einzelne Kirschen. Erst wenn der Passant stehen geblieben und auf den Geschmack gekommen ist, beginnt das Geschäft. Nun zu einigen Beispielen mit Marken.

Deutsche Bank: Macht Kunst. Die Deutsche Bank eröffnete in Berlin eine Galerie: die KunstHalle. Das Problem: Niemand kannte sie. Die Lösung: Scholz & Friends lud die Öffentlichkeit in einer Kampagne ein: *Macht Kunst*. Private Künstler bekamen die Chance ihres Lebens: Sie durften ihre Werke 24 Stunden lang in der KunstHalle präsentieren. Mit Aussicht auf Atelierstipendium und Einzelausstellung. Das Ergebnis: 2 135 Kunstwerke, über 12 000 Besucher, acht ausgezeichnete Künstler und eine Galerie, über die man sprach. Die Arbeit erhielt zwei Bronzenägel beim ADC.

METRO: Own Business Day. METRO ist ein Großhändler, der in 25 Ländern rund 29 Milliarden Euro Umsatz generiert. Der Riese positioniert sich als Unterstützer von unabhängigen Unternehmen. Er hat sich auf die Fahnen

5 URL: *http://umdieweltreise.ch/glucklich-leben-strandverkaufer-interview/*

geschrieben, dazu beizutragen, Firmen wie Restaurants, Cafés und Hotels noch erfolgreicher zu machen. Das macht für METRO Sinn, denn wenn ein Restaurant floriert, kauft es mehr Lebensmittel ein – und so hat auch METRO etwas von diesem Erfolg.
Um den Kunden diese Positionierung plakativ vor Augen zu führen, rief METRO 2016 den »Own Business Day« (OBD) ins Leben. Seitdem feiert METRO jedes Jahr am zweiten Dienstag im Oktober unabhängige Unternehmen und widmet ihnen einen eigenen Tag. Der Großhändler verschafft seinen Kunden am Own Business Day das Wichtigste überhaupt: Aufmerksamkeit. Er stellt Restaurants, Cafés und Cateringfirmen große, sichtbare Werbeplätze zur Verfügung: Anzeigen, Plakate, Blow-ups, Radiospots und Online-Banner. Dazu gibt es Promotions und Events. Das Besondere daran: Die Werbung stellt nicht METRO in den Mittelpunkt, sondern die Kunden von METRO. 2016 nahmen über 17 000 Kunden diesen Service gerne an. Weitere Infos: *own-business-day.com*. Agentur: Serviceplan.

KLM: Must-See-Map. Die Fluggesellschaft KLM verhalf vor einiger Zeit Reisenden zu einer Must-See-Karte von ihren Freunden. Man wählte online ein Reiseziel aus. Dann lud man Freunde, die schon einmal dort waren, ein, ihre Tipps auf der Karte einzutragen. Drei Wochen später bekam man die Karte zugeschickt.

Nike: Chalkbot. Nike entwickelte eine Maschine, die es Sportfans auf der ganzen Welt ermöglichte, die Fahrer der Tour de France live vor Ort anzufeuern: den Nike Chalkbot. Ein Gerät, das auf einem Anhänger montiert und von einem Auto über die Straßen der Tour de France gezogen wurde. Der Chalkbot schrieb die Anfeuerungssprüche der Fans auf die Straße. Über 36000 Botschaften wurden über Dienste wie Twitter eingeschickt. Tausende davon wurden vom Chalkbot auf die Straße gebracht. Die Arbeit von Wieden+Kennedy gewann 2010 beim Cannes Festival im Bereich Cyber einen Grand Prix.

tinyurl.com/nike-chalkbot

Der Konsument tauscht seine Aufmerksamkeit gegen Unterhaltung ein

Werbung dieser Art muss so unterhaltsam sein wie die amerikanische Show »Saturday Night Live«. Sie muss so interessant sein, dass man sie sich freiwillig ansieht. Schauen wir uns an, wie das geht.

Old Spice: Smell like a man, man. Dieser Film erhielt 2010 in Cannes den Film-Grand-Prix. Es sei *der perfekte Film*, schwärmte Jury-Präsident Mark Tuttsell damals. Procter & Gamble wollte die Marke Old Spice auffrischen. Die Agentur Wieden+Kennedy entwickelte einen Film, der neben Männern auch Frauen anspricht. Schließlich treffen Frauen in diesem Bereich oft die Einkaufsentscheidungen für ihre Männer.

Der gut gebaute Darsteller Isaiah Mustafa begrüßt die Damen im Bad mit nacktem Oberkörper: »Hello, Ladies. Look at your man. Now back to me. Now back at your man. Now back to me. Sadly, he isn't me. But if he stopped using lady-scented bodywash and switched to Old Spice he could smell like he's me.« Der folgende, genial inszenierte Kulissenwechsel zeigt Mustafa im Bad, dann auf einem Boot und schließlich auf einem Pferd. »Anything is possible when your man smells like Old Spice and not like a lady.« Logo und Claim: »Old Spice. Smell like a man, man.«

tinyurl.com/old-spice-smell

»Think like a marketer.
Behave like an entertainer.
Move like a tech-startup.«

PJ Pereira, Chief Creative Officer bei Pereira & O'Dell

Der Konsument tauscht seine Aufmerksamkeit gegen eine gute Sache ein

Werbung, die die Welt ein bisschen besser macht, liegt im Trend. Und bei Konsumenten, Marketern und Award-Jurys gleichermaßen hoch im Kurs. Dazu passt das Zitat von Prasoon Joshi, Vorsitzender der Titanium & Integrated Lions Jury in Cannes 2014 und Kreativchef von McCann India:

»A lot more companies are extending themselves for human good and trying to connect in a larger way to people. We used to live in a silced world, but now we have a collective reality and businesses are cognizant of that, extending themselves for human good more than ever before.«

**»We have to do work that matters.
It's not more, it's more good.«**

Wendy Clark, Coca-Cola Marketing Chief

Blood Relation. 2010 rief die Agentur Saatchi & Saatchi alle kreativen Köpfe der Welt auf, eine Lösung dafür zu finden, wie der israelisch-palästinensische Konflikt beendet werden könnte. Das Ergebnis: Blood Relations. Angehörige von Opfern des Konflikts spenden ihr Blut für die jeweilige Gegenseite. Das war ein starkes Zeichen dafür, dass Versöhnung möglich ist. Die Idee wurde beim Werbefestival in Cannes mit Gold ausgezeichnet. Den Konflikt lösen konnte sie aber leider nicht.

tinyurl.com/blood-relation

UTEC, University of Engineering and Technology, Peru: Portable Water Billboard. Die UTEC wollte die besten Studenten auf sich aufmerksam machen und entwickelte dazu eine Installation mit echtem Nutzwert. Und zwar in Lima, der weltweit zweitgrößten Stadt, die in einer Wüste liegt. Hier herrscht Wasserknappheit. Die Menschen müssen teilweise verschmutztes Wasser aus Brunnen benutzen. Es regnet zwar kaum, aber die Luftfeuchtigkeit ist mit 98 Prozent außergewöhnlich hoch.

Zusammen mit der Agentur FCB Mayo entwickelte die UTEC das erste Plakat, das Trinkwasser produziert. Dazu wird das Wasser in der Luft gesammelt und über ein ausgeklügeltes Verfahren nutzbar gemacht. Auf diese Weise kamen in drei Monaten 9450 Liter Wasser zustande. Eine echte Hilfe für die Menschen vor Ort. Und ein Gesprächsthema im ganzen Land.

tinyurl.com/UTEC-water

Aufmerksamkeit durch Storytelling

Menschen lieben Geschichten. Die Welt ist voller Geschichten. Jeder von uns ist eine davon. Warum lieben Menschen in allen Ländern und Kulturen Geschichten? Warum können schon kleine Kinder nicht genug davon bekommen? Weil Menschen durch Geschichten Erfahrungen und Einsichten über das Leben sammeln. Geschichten helfen uns, das Leben zu meistern. Wir lernen über Geschichten und erinnern uns über Geschichten. Das war zu allen Zeiten so. Früher saßen wir am Lagerfeuer und haben Geschichten, Märchen und Sagen gelauscht – heute sitzen wir hinter dem Fernseher und schauen Serien und Filme. Auch das sind Geschichten.

Storys sind heute so wichtig wie noch nie. Denn unsere Welt wird zunehmend komplexer. Ständig kommen neue Technologien und Kommunikationskanäle hinzu, und dank Social Media kann heute jeder Konsument auch ein Sender sein. In dieser Situation können Geschichten eine Schneise ins Informationswirrwarr schlagen. Sie können Zusammenhänge vereinfachen und anschaulich darstellen.

Geschichten simulieren Situationen

Was passiert, wenn wir eine Geschichte erzählt bekommen, möchte ich an einem Beispiel zeigen. Nehmen wir an, ein kleiner Junge hat bei seinen Nachbarn einen Klingelstreich gemacht und seine Eltern haben das mitbekommen. Wenn die Eltern ihren Sohn nun ermahnen, brav zu sein, dann sprechen sie damit nur sein Sprachzentrum an. Erzählen sie ihm dagegen die Geschichte von Max und Moritz und ihren Streichen, dann durchlebt das Kind die Geschichte – nicht nur geistig, sondern tatsächlich körperlich. Zwischen Erzähler und Zuhörer kommt es zu einer sogenannten »neuronalen Kopplung«, zu einer Gleichschaltung der Gehirne. Sämtliche Gehirnbereiche, die durch die Geschichte angesprochen werden, sind beim Zuhörer messbar aktiviert. Wenn Max und Moritz die knusprig gebratenen Hähnchen von Witwe Bolte stibitzen, wird zum Beispiel der olfaktorische Cortex im Gehirn aktiv, der für Gerüche zuständig ist. Rennen die beiden davon, wird im Gehirn der motorische Cortex angesprochen. Verantwortlich dafür sind die Spiegelneuronen im Körper.

Mit anderen Worten: Geschichten eröffnen dem Zuhörer eine Art Übungsfeld, auf dem der Körper Situationen simuliert. Genau das ist das Prinzip jeder Geschichte: Sie zeigt, wie sich Menschen in bestimmten Situationen verhalten. Vor diesem Hintergrund ist es kein Wunder, dass wir uns laut Harvard-

Professor Jérôme Bruner Geschichten 22-mal besser merken können als Fakten. Wenn Eltern ihren Kindern also die Geschichte von Max und Moritz erzählen (»Aber wehe, wehe, wehe! Wenn ich auf das Ende sehe!«), dann bringt das vermutlich wesentlich mehr als gut gemeinte Ermahnungen.

Strukturen fesseln Aufmerksamkeit

Es gibt noch einen weiteren Grund, warum Menschen bei Geschichten die Ohren spitzen. Nicht nur, weil sie dadurch eine simulierte Situation erleben und dadurch lernen, sondern auch, weil gute Geschichten eine Struktur haben, die unsere Aufmerksamkeit fesselt. Dieser Aufbau ist seit Aristoteles bekannt. Und was im Jahr 335 vor Christus galt, das funktioniert auch heute und wohl noch in den nächsten 1000 Jahren.

Das Prinzip ist, zunächst eine Situation darzustellen. Wo und in welcher Zeit befinden wir uns? Wer ist der Held? Wie ist die Grundstimmung der Geschichte? Dann folgt ein Ereignis, das die Handlung in Gang bringt. Ein Auslöser, ein Konflikt, der »Ruf des Abenteuers«. Im Folgenden wird es immer dramatischer. Der Held muss Hindernisse überwinden und Herausforderungen bestehen.

Im Körper des Zuhörers wird Cortisol ausgeschüttet. Es sorgt dafür, dass wir Ruhe bewahren. Außerdem gelangt Oxytocin in den Blutkreislauf, das für Empathie und Verbundenheit mit dem Helden sorgt. Es gibt einen klaren, körperlichen Grund, warum wir mitzittern und mit ganzer Aufmerksamkeit der Geschichte folgen: Unser Körper giert nach dem Glückshormon Dopamin. Es wird beim Happy End ausgeschüttet, bei der Auflösung am Ende. Der Held verwandelt sich und kann so die finale Herausforderung meistern. Der Drache wird erschlagen. Oder: Die Liebenden finden sich. Oder: Der Verrat wird gerächt. Oder: Wer am Anfang ungerecht behandelt worden ist, erfährt Gerechtigkeit. Kurzum: Die Spannung wandelt sich in Entspannung. Das ist die Mohrrübe, hinter der das Publikum die ganze Zeit her ist. Und es ist der Grund, warum das Happy End erst ganz am Schluss kommt – oder auch erst in der nächsten Folge.

Ein Cliffhanger am Ende einer Geschichte bedeutet, dass die Story an einer besonders aufregenden Stelle endet. Das Publikum möchte endlich Entspannung finden und wird so motiviert, die Fortsetzung zu verfolgen. Viele TV-Serien nutzen dieses Prinzip und schaffen es, ihr Publikum mit immer neuen Wendungen und Cliffhangern bei der Stange zu halten. 2015 etwa konnte die ARD-Serie »Rote Rosen« die 2000ste Folge feiern.

Werbung und Geschichten

Erfolgreiche Werbung nutzt die Sehnsucht der Menschen nach Geschichten. Sie ruft nicht einfach »Kauft, Leute, kauft!«. Sie erzählt eine interessante Story, die Spannung erzeugt, berührt und im Kopf bleibt. Eine Geschichte, durch die man lernt, wie man sein Leben mit einem Produkt oder einer Dienstleistung verbessern kann. Wie man ein Problem lösen oder ein Bedürfnis befriedigen kann. Dabei ist jedoch nur in den seltensten Fällen das Unternehmen selbst der Held. Meistens tritt die Marke als Mentor auf, der den Helden unterstützen, motivieren und inspirieren möchte. So wie zum Beispiel Gandalf in »Herr der Ringe« Frodo hilft. Oder Meister Yoda Luke Skywalker in »Star Wars«, Mr. Miyagi Daniel in »Karate Kid« oder Morpheus Neo in »Matrix«.

Dreh- und Angelpunkt ist dabei die Frage, wie das Unternehmen dazu beitragen kann, die Welt der Zielgruppe zu verbessern. Was ist das höhere Ziel, was ist die Vision des Unternehmens? Diese Frage ist entscheidend, denn jede Geschichte braucht einen guten Grund, erzählt zu werden.

Wichtig beim Storytelling ist auch, die Bedürfnisse der Zielgruppe herauszufinden und gut in der Geschichte zu spiegeln. Schließlich soll sich das Publikum in der Story wiederfinden. Am Ende kauft es in erster Linie die Haltung, die Überzeugung, die Einstellung der Marke – und erst dann das Produkt selbst.

Nicht jede Story interessiert uns gleich stark. Es gibt auch langweilige Geschichten, die wir wegzappen oder ignorieren. Worauf kommt es also an? In Helmut Dietls Kult-Fernsehserie »Kir Royal – aus dem Leben eines Klatschreporters« erklärt der erfolgreiche Medienmacher Gregori Wiener dem Reporter Baby Schimmerlos: »Jeden Tag kommen drei Dutzend Zeitungen zu mir. Und immer dieselbe Leier: Gregori, hast ned a G'schicht? A G'schicht, die die Leut' irgendwie interessiert. A bissel Geld, a bissel Sex, a bissel Tragik, a bissel Traum, a bissel Märchen ... Monarchie, Hochfinanz, Industrie, a bissel Perversitäten. Sehen Sie: Das wär' a Mischung ... so. Des wär' a Story, die könnt' ich jederzeit verkaufen. Zu jedem Preis.«

Nun haben aber die wenigsten Unternehmen diese spannende Mischung zu bieten. Hier hilft uns eine Methode weiter, die das Nachrichtenmagazin DER SPIEGEL gerne anwendet. DER SPIEGEL versucht, seine Neuigkeiten und Rechercheergebnisse exemplarisch und anschaulich anhand eines Menschen zu erzählen. Denn nichts interessiert Menschen so sehr wie andere Menschen. Der Leser soll das Gefühl haben, die Geschichte der Person mitzuerleben. Dabei erfährt er alle Hintergründe, Ursachen, Zusammenhänge und Auswirkungen. Denn: »SPIEGEL-Leser wissen mehr«, wie ein früherer Claim des Magazins so schön sagt.

Das Storytelling-Experiment »Significant Objects«.

Wie gut Storytelling wirkt, zeigt ein Experiment von Rob Walker und Joshua Glenn. Die beiden kauften sich auf einem Flohmarkt ganz gewöhnliche Dinge. Zum Beispiel ein Jo-Jo oder einen Eimer. Diese Gegenstände verkauften sie dann über eBay weiter. Der durchschnittliche Einkaufspreis lag bei 1,29 Dollar, der durchschnittliche Verkaufspreis jedoch bei 36,12 Dollar. Dieser erhebliche Mehrwert kam über Storytelling zustande. Professionelle Autoren verfassten für jedes Produkt einen Beschreibungstext.

Hier ein Beispiel von Buchautor Bob Powers. Es geht um eine kleine, verchromte Schildkröte. Eingekauft für 2 Dollar, verkauft für 51 Dollar.

»I bought this chrome turtle from the first girl I ever loved, five years after I'd stopped. She was having a yard sale. I didn't know it was her yard. I just caught a glimpse from across the street and saw there were sweaters, so I decided to check it out.

The clothes were all women's. I would have kept walking, except I knew I'd seen some of these sweaters before. There was also a pair of boots that rang a bell for me. Looking through the CDs in the Seagram's box on the ground, I thought I was reading the track list from a mix she made me once. When I spotted the chrome turtle on the knick-knacks table I was ready to solve the puzzle.

›I haven't seen this since you tossed it at my head‹, I said. She turned around and flared her round little eyes and asked me how I've been.

›How long have you lived in this neighborhood?‹

Apparently, we'd been neighbors for two years without knowing it. When I thought of her I pictured her still in that same apartment, everything exactly as it was when I left, and all of it a thousand miles away. Yet here we were subject to the jurisdiction of the same community board.

›Won't be neighbors for long‹, I said. I was moving out of my roommate situation and into my girlfriend Paula's place. Paula owned.

›Looks like‹, she said. She was moving out of her studio and into her boyfriend Max's place. Max inherited.

›I'll take it‹, I said, holding up the turtle. She offered to give me a freebie, saying there might still be some of my blood on one of the feet, but I insisted. She charged me two bucks and my cell phone number.

We never even got the boxes unpacked. At first we'd do it at Paula's, since Paula's schedule was more reliable than Max's. Then we fought about risk-sharing, so we started doing it at Max's, but only when he traveled.

We told each other it was even better than when we first met, but that's not true. This was careless. When we first met, we did nothing but care. All we cared about in the whole world was each other.
Paula refuses to tell me how she found out. I assume she followed us. I came home from Max's one night and Paula was on her feet in the entranceway, waiting to say she knew all about it. By the end of the night, two things happened. I agreed to move out, and I received my second crack in the head with the chrome turtle. I still don't know if Max knows. There was one last phone call to shut it all down and we haven't spoken since. She might try and stay with Max and I'm not going to stop her. I'm too busy looking for a new place and trying to sell some of my stuff. Starting with the chrome turtle. It's been washed, FYI.«[6]

Weitere Geschichten gibt es hier: *significantobjects.com*

Der Schlüssel zu Herz und Kopf: Die Emotion

Eine Emotion ist wie ein Schlüssel. Sie öffnet einer Markenbotschaft den Zugang zu Herz und Hirn. Schauen wir erst auf das Herz: Eine emotionale Geschichte berührt Menschen. Sie baut eine Verbindung zu ihnen auf, dockt bei ihnen an.
Eine Geschichte über irgendeinen Kieselstein am Rand einer Landstraße nach Unterheckenhofen interessiert wohl kaum jemanden. Es sei denn, es geht um den Kieselstein Willy, der sein Leben lang einsam war, von Autoreifen malträtiert wurde – und eines Tages zufällig neben Eva rollt, ein rotes, kleines Steinchen. Willy trifft Eva. Jetzt beginnt es, interessant zu werden. Weil Emotionen ins Spiel kommen. Weil zwei Namen den leblosen Dingen Leben einhauchen. Weil die Steine letzten Endes für Menschen stehen.
Menschen interessieren sich für Menschen. Das steckt tief in unseren Genen. Unser Gehirn sucht überall permanent nach Gesichtern. Es gibt eine Reihe von Kampagnen, die damit spielen, dass unser Gehirn aus allen möglichen und unmöglichen Dingen Gesichter zusammensetzt. Selbst dann, wenn die Augen eigentlich einen Benzinkanister sehen, auf dem eine Brille liegt, wie in der Kampagne für Krass Optik von der Agentur Scholz & Friends.

6 URL: *http://significantobjects.com/2009/12/09/chrome-turtle/*

Untersuchen wir nun, wie Emotionen im Hirn wirken. Der Steinzeitjäger in uns möchte noch immer sein Überleben sichern. Sein Gedächtnis erlaubt es ihm, Gelerntes in Sekundenbruchteilen abzurufen. Er muss also Erfahrungen nicht ständig neu machen, er kann sich an sie erinnern. Eine Erfahrung, die mit einer starken Emotion verbunden ist, gräbt sich tiefer ins Gedächtnis ein als ein langweiliges Erlebnis. Wenn plötzlich ein Säbelzahntiger um die Ecke biegt und ich dummerweise meinen Speer zuhause vergessen habe, packt mich die Todesangst, also eine extrem starke Emotion. Ich lerne: Lass nie, nie, nie deinen Speer zuhause. Die Emotion »Todesangst« ist ein starker Anker für die Information.

In der Marketingkommunikation gilt dieses Prinzip ebenfalls. Wenn ich eine Information auf eine Weise bekomme, die starke (möglichst positive) Emotionen in mir auslöst, dann verankert sich das eben Gelernte gut in meinem Gedächtnis.

Besonders starke Reize senden Menschen und Tiere aus. Das ist genetisch so programmiert. Das Gehirn reagiert intensiv auf Lebewesen – vor allem auf Tiere und Babys. Deshalb sind gerade diese Gruppen in der Fernsehwerbung sehr beliebt.

In einem Artikel des Hamburger Abendblatts heißt es: »Unter Werbern gibt es den Spruch: ›Babys und Tiere gehen immer!‹, ergänzt Stefan Kolle von der Hamburger Werbeagentur Kolle Rebbe. Gemeint sei damit, dass man mit süßen Kinder- oder Tierbildern sehr starke Reize setzen und damit Aufmerksamkeit generieren könne. Das funktioniere meistens sehr gut, weiß Kolle aus Erfahrungen mit seinen Kunden wie Lufthansa oder TUI. ›Einziges Problem: Oft erinnern sich die Leute nur an die süßen Tiere, aber nicht an das beworbene Produkt.‹ Die drei beliebtesten Vertreter in der Werbung sind Hunde, Katzen und Bären.«[7]

Ein Backstein lässt die Leute kalt. Tiere und Menschen dagegen wecken Emotionen. Wenn wir uns Bilder überlegen, sollten wir sie grundsätzlich möglichst emotional gestalten, weil sie dann besser im Kopf verankert werden. Also: Lieber einen Film mit einem süßen Hund ausdenken, der ein Handy verschluckt und dann klingelt, als nur ein Handy zu zeigen. Und lieber eine sympathische Frau mit Kühlschrank abbilden als nur den Kühlschrank. Außer, der Kühlschrank sieht nach etwas ganz Besonderem aus – was die meisten Kühlschränke leider nicht tun.

Übrigens: Man kann nicht sagen, dass die Abbildung von Menschen immer am besten funktionieren würde. Von einem Premium-Autobauer hörte ich zum Beispiel, er habe verschiedene Anzeigengestaltungen getestet. Ergebnis: Am besten funktioniert nicht das Schema *Mensch im Vordergrund und Auto im Hintergrund*, sondern allein das Auto. Das mag vielleicht auch daran liegen, dass die Autos dieser Marke auf den Betrachter besonders sportlich und dynamisch – also emotional – wirken.

Fazit: Überlege dir, wie du die Bilder in deiner Werbung möglichst emotional gestalten kannst. Wo schaut die Zielgruppe hin? Was spricht sie an?

Wie Hollywood Geschichten erzählt

Hier die langweiligste Werbegeschichte der Welt: Eine glückliche Familie kauft ein Produkt und wird dadurch noch glücklicher. Das ist Reklame. Und animiert Konsumenten nicht zum Kaufen, sondern zum Umschalten.

---

7 Wassink, Melanie: Vierbeiner für Werbespots: Der Dreh mit den Tieren. In: Hamburger Abendblatt, 8.11.2014, URL: *http://www.abendblatt.de/wirtschaft/article134131833/Vierbeiner-fuer-Werbespots-Der-Dreh-mit-den-Tieren.html*

Geschichten sind oft Metaphern für das Leben. Erfolgreiche Hollywood-Storys nutzen das und folgen häufig einem Grundschema: Jemand will etwas unbedingt – und hat Schwierigkeiten, es zu bekommen.
Am Anfang wird der Held in seiner gewohnten Welt gezeigt. Dann kommt etwas, was man als *Ruf des Abenteuers* bezeichnet: Harry Potter etwa erfährt, dass er eigentlich ein Zauberer ist und auf eine Zauberschule gehen darf. Der Hobbit Frodo verlässt das Auenland, um Saurons Ring zu vernichten. Luke Skywalker macht sich auf, ein Jedi zu werden. Neo darf sich im Film »Matrix« für die rote oder die blaue Pille entscheiden.
Menschen sind häufig träge. Sie brauchen eine starke Motivation, um ihre gewohnte Umgebung zu verlassen und sich auf ein Abenteuer einzulassen. Manchmal ist die Motivation der Wunsch zu überleben. Oder etwas über seine Vergangenheit herauszufinden. Oder der Wunsch nach Wahrheit, Rache, Liebe, Gerechtigkeit. Es gibt viele Möglichkeiten. Sie müssen nur intensiv und nachvollziehbar sein.
Die Reise beginnt. Der Held stößt auf Hindernisse und Bewährungsproben. Das erhöht die Dramatik. Am Ende muss er sich der entscheidenden Prüfung stellen. Nicht selten blickt der Charakter im Endkampf dem Tod ins Auge. Das Publikum muss mitfiebern können. Es wäre langweilig, wenn der Held alle Hindernisse mühelos überwinden könnte. Oft sieht man in Kinofilmen, wie der Held scheinbar schon so gut wie geschlagen ist – um dann überraschend in letzter Sekunde das Steuer herumzureißen und doch noch zu siegen.
Umso erleichterter ist das Publikum, wenn es am Ende geklappt hat. Das Gute hat gesiegt, die Welt ist wieder in Ordnung. Katharsis (Reinigung) nannte man diesen Gefühlszustand in antiken Tragödien. Der Zuschauer durchlebt mit dem Helden Angst, Schmerz und Schrecken – und fühlt sich nach dem erlösenden Sieg erleichtert und »gereinigt« (Aristoteles).

Die Heldenreise

Hier zur besseren Übersicht die Heldenreise nach Joseph Campbell, von der unter anderem George Lucas beeinflusst wurde. Die Geschichten von Star Wars, Matrix und Harry Potter folgen Campbells Schema.

Die Heldenreise nach Campbell

1. Die gewohnte Welt des Helden
2. Der Held wird vom Abenteuer gerufen.
3. Weigerung des Helden
4. Der Held wird überredet.
5. Der Held überschreitet die erste Schwelle, nach der es kein Zurück mehr gibt.
6. Erste Bewährungsproben, Zusammentreffen mit Verbündeten und Feinden
7. Fortschreitende Probleme
8. Die Prüfung. Konfrontation mit dem Gegner – und Überwindung des Gegners
9. Der Held wird belohnt.
10. Verweigerung der Rückkehr
11. Auferstehung
12. Rückkehr mit dem Elixir

Können wir dieses Schema für unsere Geschichten in der Werbung nutzen? Kinofilme haben 90 Minuten und länger. Werbespots dagegen müssen ihren Plot in wenige Sekunden pressen. Wie soll das gehen?
Zunächst einmal: Es muss nicht gehen. Es gibt viele Möglichkeiten, eine Geschichte zu erzählen. Dieses Hollywood-Schema ist nur eine davon. Was man davon lernen kann, ist die Erkenntnis, dass Menschen Dramatik lieben. Sie sehen lieber, wie ein Held Hindernisse überwindet und Herausforderungen meistert, als ein sorgloses, banales Reklame-Leben voller Friede, Freude, Eierkuchen.

Mercedes-Benz: Sorry. Hier ein Spot der Agentur Jung von Matt/Neckar, der dem Hollywood-Schema entspricht.
Die Geschichte: Ein Mann fährt in seinem Auto über eine Landstraße. Von einem Augenblick auf den anderen sitzt plötzlich ein älterer Herr neben ihm auf dem Beifahrersitz, der eine große Sense in der Hand hält. Der Sensenmann nimmt seine Kapuze ab, sieht den Fahrer an und lacht verächtlich. »Sorry«, sagt er und schaut erwartungsvoll nach vorne. Eine Hupe ertönt. Der Fahrer sieht, wie er direkt auf eine Baustelle zusteuert. Eine Maschine hat einen Baumstamm hochgewuchtet, der jeden Moment durch die Windschutzscheibe

brechen muss. Der Mann bremst scharf. In letzter Sekunde kommt sein Wagen zum Stehen. Erleichtert atmet der Fahrer durch. »Sorry!«, gibt er zurück. Der Sensenmann ist pikiert.
Texteinblendung: »Erkennt Gefahren und verstärkt die Bremskraft. Der Bremsassistent BAS PLUS. Jetzt die E-Klasse Probe fahren.« Logo: Mercedes-Benz

tinyurl.com/mercedes-sorry

Zunächst sehen wir den Fahrer in seiner gewohnten Umgebung. Er fährt in seinem Mercedes, alles ist bestens. Nun folgt der *Ruf des Abenteuers*: Der Tod taucht neben ihm auf. Die Motivation des Fahrers ist klar und nachvollziehbar: Er will überleben.
Die folgenden Filmszenen legen nahe, dass der Fahrer keine Chance hat. Der Zuschauer rechnet damit, dass der Baumstamm durch die Windschutzscheibe brechen und den Fahrer erschlagen wird.
Doch dann – und hier kommt die Produktleistung ins Spiel – bremst der Wagen überraschend wirkungsvoll ab. Die Erleichterung ist groß, der Held hat gesiegt. Mit dem schlagfertigen »Sorry« setzt er dem Ganzen noch das Sahnehäubchen auf.

Bookers sieben Storylines

In diesem Zusammenhang ist die These des Autors und Journalisten Christopher Bookers interessant, wonach es nur sieben Storylines gibt.[8]

8 Die Übersicht habe ich aus einem Vortrag von Tom Zeller.

Storylines nach Christopher Bookers

1. **Overcoming the Monster**: Der Held besiegt ein Monster.
2. **The Hidden Talent**: Ein Normalo wird zum Helden.
3. **The Quest**: Der Held muss eine scheinbar unmögliche Aufgabe erfüllen.
4. **Voyage and Return**: Der Held betritt eine andere Welt, meistert sie und kehrt zurück.
5. **Comedy**: Chaos, Missverständnisse und ein Happy End
6. **Tragedy**: Der Held verstrickt sich in unlösbare Probleme, kein Happy End.
7. **Rebirth**: Der Held wird vernichtet, steht aber wieder auf (durch die Macht der Liebe) und besiegt den Endbösewicht.

Axe Mature. Axe Mature hat den Claim »Das Axe für Fortgeschrittene«. Zielgruppe: junge Männer, die sich für reife Frauen interessieren. Erinnern wir uns an das verkürzte Grundschema: Jemand will etwas unbedingt – und hat Schwierigkeiten, es zu bekommen. Der Held ist hier also ein junger Mann. Sein Konflikt: Er will eine reife Frau, aber er hat Angst zu scheitern. Sein Hilfsmittel zum Sieg: Axe Mature.

tinyurl.com/axe-mature

Der Spot zeigt reife Damen, die mit dem Zuschauer flirten. Sie sagen Dinge wie: »Du wohnst bei deinen Eltern? So ein Zufall – da wohnt mein Exmann jetzt auch wieder.« »Du könntest mein Sohn sein – aber das wär doch irgendwie schade.« »Ruf mich jederzeit an. Meine Sekretärin weiß Bescheid.« Am Ende sieht man einen jungen Durchschnittstypen, der das Produkt anwendet. Das Versprechen ist klar: Selbst so ein Durchschnittsmann kann solche attraktiven Frauen haben. Aber nur, wenn er das Zaubermittel Axe Mature einsetzt. Agentur: Dokyo.

Guinness: Wheelchair. Oft steigert sich die Geschichte bis zu ihrem Höhepunkt. Das kann eine überraschende Wendung sein.
Ein Guinness-Spot der Agentur BBDO, New York, zeigt zum Beispiel einige Sportler, die in Rollstühlen Basketball spielen. Als das Training zu Ende ist, stehen alle Männer aus ihren Rollstühlen auf und verlassen mit ihrem Freund, der wirklich im Rollstuhl sitzt, das Spielfeld. Hier wird das Thema Freundschaft emotional und überraschend inszeniert. Am Ende sitzen alle – wie könnte es anders sein – in einem Pub und genießen ihr frisch gezapftes Guinness.

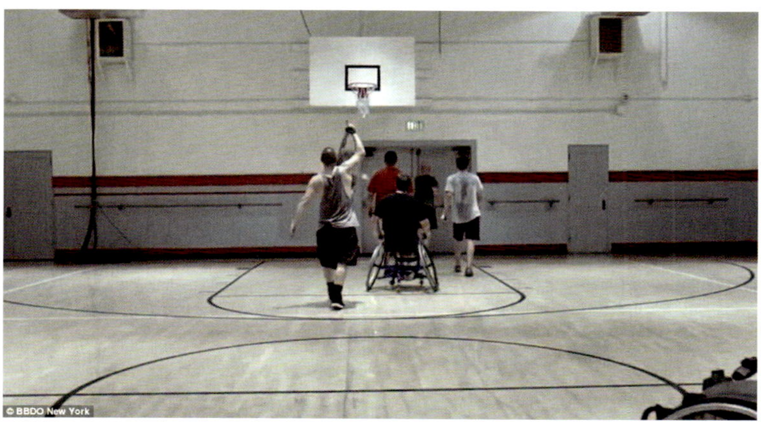

tinyurl.com/guiness-wheelchair

Geschichten über Wettbewerbe

Menschen lieben Geschichten. Und Geschichten über Zweikämpfe und Wettbewerbe besonders heiß und innig. Das liegt daran, dass bei solchen Erzählungen

besonders starke Emotionen im Spiel sind. Es gibt einen Kampf, es gibt Dramatik, es gibt einen Sieger, einen Verlierer, Mut, Hoffnung, Angst, Verzweiflung, Wut, Jubel, Freude, Rache und so weiter.
In Rom fanden solche Spiele im Colosseum statt, in unserer Zeit in den Medien. Sie berichten Tag für Tag über Wettbewerbe. Klitschko vs. Walch, FC Bayern vs. Dortmund, James Bond vs. Raoul Silva, Drache vs. Hobbit, Regierung vs. Opposition, Kurden vs. Islamischer Staat, Israelis vs. Palästinenser und so weiter. Hier ein Fall aus dem Marketing: DHL vs. UPS, TNT und DPD.

DHL: Trojan Mailing. Die Agentur Jung von Matt/Neckar ließ Paketboten von UPS, TNT und DPD für ihren Kunden DHL werben. Unfreiwillig und ahnungslos. Dazu bestrichen die Kreativen ein großes Paket mit thermoaktiver Farbe. Die Boten holten ein schwarzes Paket ab, das sich erst unterwegs verwandelte: in ein DHL-gelbes Paket mit der Aufschrift »DHL is faster«. Dieses Paket mussten die Boten zu Adressen in der Stuttgarter Innenstadt tragen, die nicht ganz so einfach zu finden waren. Mit versteckten Kameras hielten die Kreativen fest, wie die Paketboten in der City mit der DHL is faster-Werbung hin und her irrten. Bestaunt von amüsierten Passanten.

tinyurl.com/dhl-is-faster

Das Video davon wurde innerhalb weniger Tage über fünf Millionen Mal angeklickt. Medien auf der ganzen Welt berichteten. Von Pro 7, ntv und Sat.1 bis hin zu Forbes und der Washington Post. Die Arbeit gewann Gold und zweimal Silber in Cannes und den Best-of-Show-Award beim internationalen Effizienzwettbewerb AME.
Halten wir also fest: Menschen lernen am besten über emotionale Geschichten. Wenn eine Geschichte auf packende, dramatische und überraschende Weise die Leistung eines Unternehmens erzählt, bleibt sie eher im Kopf, als wenn man einfach nur eine Produktanwendung zeigt. Geschichten mit einem Wettkampf sind dabei besonders spannend.

Aufmerksamkeit verkauft besser

Es ist logisch, dass Kampagnen, die für Aufmerksamkeit sorgen, besser verkaufen als Kampagnen, die für Langeweile sorgen. Auch wissenschaftlich fundierte Studien belegen, dass einfallsreiche Kreation besser wirkt.
Unter der Überschrift »Kreativität bringt bis zu 42 Prozent Effekt« berichtet die Fachzeitschrift w&v in der Ausgabe 45/2012 auf den Seiten 28 und 29 über eine Studie des Instituts für Handelsforschung (IFH) der Universität Köln.
»Unter der Leitung von Werner Reinartz und Peter Saffer (...) wurden 437 TV-Kampagnen für 90 verschiedene Markenartikel in zehn verschiedenen Konsumgüterkategorien (darunter Joghurt, Shampoo, Gesichtscreme, Waschmittel, Cola-Getränke, Nassrasierer) über einen Zeitraum von fünf Jahren (Januar 2005 bis Oktober 2010) untersucht. Ergebnis: Je kreativer eine Kampagne im Durchschnitt ist, desto besser verkauft sich die beworbene Marke. Bei durchschnittlich kreativen TV-Kampagnen beträgt der Effekt rund 20 Prozent, bei hochkreativen TV-Kampagnen bis zu 42 Prozent. (...) Die Methodik: ACNielsen und GfK in Nürnberg stellten die Daten über Produkterfolg und Werbeausgaben zur Verfügung. Diese wurden mit einem sogenannten Kreativitätsindex korreliert.«
Werner Reinartz, Professor für Marketing und Handel an der Universität Köln, erklärt im Gespräch mit Peter Hammer: »Generell hat mich überrascht, dass der Faktor Kreativität nicht nur einen kleinen positiven Effekt hat, sondern deutlich zum Erfolg beiträgt. Der Effekt beträgt für durchschnittlich kreative TV-Kampagnen rund 20 Prozent, für hochkreative TV-Kampagnen bis zu

42 Prozent. Das bedeutet im Umkehrschluss, dass es für werbungtreibende Unternehmen Sinn macht, über die Kreativität nachzudenken. (...)«

»Es gibt eine direkte Verbindung zwischen den Ergebnissen der Kreativwettbewerbe und unserer Verkaufsbilanz im Restaurant.«[9]

Matt Biespiel, Senior Global Brand Director McDonald's

Auch die Studie »The Power of Creation« des Online-Vermarkterkreises (OVK) im Bundesverband Digitale Wirtschaft (BVDW) stützt diese Erkenntnisse. Die Studie hat die Rolle der Kreation von Standard-Werbemitteln in Bezug auf Blickkontakt und Betrachtungsdauer unter die Lupe genommen. Die Fachzeitschrift Horizont fasst zusammen: »Zentrales Ergebnis der Untersuchung: Ob die Werbung überhaupt gesehen wird, ist zu einem großen Anteil (47 Prozent) von der Kreation abhängig. Auch wie lange man ein Standard-Display-Werbemittel betrachtet, wird zu 30 Prozent von diesem Faktor beeinflusst. Eine qualitativ hochwertige Kreation kann die Betrachtungsdauer dabei bis auf rund das Sechsfache (5,8-fach) steigern und die Kaufabsicht verdoppeln (plus 93 Prozent).«[10]

9 Rentz, Ingo: Die besten Sprüche aus Medien, Marketing und Agenturen. In: horizont.net, 23.12.2014.

10 Müller, Fabian: Qualität der Kreation ist bei Online-Werbung oft entscheidend. In: horizont.net, 11.11.2013, URL: *http://www.horizont.net/marketing/nachrichten/OVK-Studie-Qualitaet-der-Kreation-ist-bei-Online-Werbung-oft-entscheidend-117715*

KAPITEL 2
WILLKOMMEN IN DER WELT DER WERBUNG

Wer als Kreativer in die Werbebranche einsteigen möchte, wählt dafür meistens eine Agentur. Agenturen arbeiten in der Regel für verschiedene Kunden, was die Arbeit dort interessant und abwechslungsreich macht. Allerdings gibt es inzwischen auch den Trend, für einen Kunden eine eigene maßgeschneiderte Agentur zu eröffnen (*Customized Agency*). So wurde zum Beispiel Antoni für Mercedes-Benz gegründet, Leo's thjnk tank für McDonald's und Bobby & Carl für Thyssen-Krupp.

Agenturen gibt es in den verschiedensten Ausprägungen: zum Beispiel Social-Media-Agenturen, Digital-Agenturen, Dialogmarketing-Agenturen, Full-Service-Agenturen und so weiter. Seit 2016 arbeite ich als Freelancer, daher habe ich viele verschiedene Agenturen von innen gesehen. Die Unterschiede sind oft erstaunlich gering. Im Wesentlichen besteht eine Agentur aus Mitarbeitern und Computern. Das Bild, das sich einem bietet, ist nahezu austauschbar. Büros, Meetingräume, Küche, Toilette, Tischkicker, Agenturhund, fertig.

Individuelle Akzente werden gern mit dem Thema Kunst gesetzt. Als ich zum Beispiel als Freiberufler einige Wochen bei ServicePlan in Hamburg arbeitete, war ich von Bildern des Künstlers Jonathan Meese umgeben. Meese bildet ein farbenfrohes Chaos ab, das er mit feinsinnigen Botschaften garniert. *Hau ab, Dreckslebenskunst* zum Beispiel. Provokation und Inspiration, die gut in eine Agentur passen.

Es gibt auch Agenturen, die ihre Räumlichkeiten bewusst neutral und schlicht gestalten. Als ich etwa das Gebäude von Crispin Porter+Bogusky (CPB) in Boulder, Colorado, betrat, fühlte ich mich wie in einer riesigen, zweistöckigen Fabrik. Alles hier ist schlicht und zweckmäßig. Es gibt bewusst keine Tischkicker, Tischtennisplatten, Playstations und so weiter. Denn bei CPB ist man der Meinung, dass die Arbeit für den Spaß zuständig sein soll. Das ist nicht sarkastisch gemeint, sondern absolut ernst. CPB will Ideen entwickeln, die Spaß machen. Immerhin: Es gibt auch einen Raum, in dem man sich Mountainbikes, Skier und Snowboards ausleihen kann. Alles andere wäre am Fuße der Rocky Mountains auch wirklich schade.
Am besten ist es, wenn die Räumlichkeiten die Haltung der Agentur zum Ausdruck bringen. Bei Jung von Matt (JvM) steht dabei das Trojanische Pferd im Mittelpunkt. Die Kreativschmiede möchte Werbung machen, die wie das Trojanische Pferd ist: Von außen kommt sie wie ein Geschenk daher, aber im Kern ist sie auf Eroberung aus. Entsprechend steht vor der Stuttgarter Niederlassung ein großes, hölzernes Pferd. Am Hamburger Hauptsitz der Agentur prangt es als überdimensionales Logo an einer Hauswand. Die Leitidee des Trojanischen Pferds wird in den Räumlichkeiten weitergeführt. So gibt es zum Beispiel in der Hamburger Zentrale einen großen Konferenzraum, dessen Wände mit Holz so gestaltet sind, dass man sich wie in einem Trojanischen Pferd fühlen kann. Ich schreibe bewusst »kann«, denn man muss schon die Geschichte mit dem Pferd kennen, um die Gestaltungsidee zu verstehen. Der Vergleich mit dem Trojanischen Pferd ist zwar großartig, aber Hand aufs Herz: Die Büros bei JvM sehen auch nicht anders aus als in anderen Agenturen.

Berufe in der Agentur

Den größten Unterschied zwischen Agenturen machen die Menschen aus. Sie sind es, auf die es wirklich ankommt. Hier einige Beispiele der unterschiedlichen Tätigkeiten. (Anmerkung: Alle Berufe sind für Männer und Frauen. Im Text verwende ich der Einfachheit halber die männliche Form.)

Strategischer Planer

Zum ersten Mal tauchte der Beruf des Planers in England auf. Der ursprüngliche Gedanke war, dass jemand die Perspektive des Verbrauchers einnehmen

sollte. Heute ist diese Aufgabe etwas in Vergessenheit geraten. Der strategische Planer trägt Daten, Beobachtungen und Fakten zusammen. Die Agentur Leo Burnett hat dafür den hübschen Begriff *Product Investigation* geprägt. Der Planer analysiert alle Informationen, zieht Schlüsse daraus und leitet so mögliche Strategien ab. Das Ganze kann man teilweise mit einem Journalisten bei der Recherche vergleichen.
Der Journalist durchwühlt ebenfalls Berge von Informationen. Dabei fragt er sich: Wo ist die Story? Wo ist die interessante Geschichte, die alle lesen wollen? Der Planer muss sich diese Frage ebenfalls stellen. Jede Marke hat eine spannende Geschichte. Wir müssen sie lediglich finden und frisch und originell erzählen.

»Planning is creative thinking based on information.«

Bartle Bogle Hegarty

Texter

Der Texter schreibt nicht nur, er denkt sich auch Ideen und Konzepte für alle Medien aus. Er ist das Gehirn der Agentur. In einer Branche, in der alles um Ideen kreist, sind Texter zentral wichtig. Gute Texter sind heiß begehrt. Sie werden zum Beispiel an der Texterschmiede oder an der Miami Ad School ausgebildet. Bevor es diese beiden Ausbildungsstätten gab, wurden Texter einfach ins kalte Wasser geworfen und in der Agentur ausgebildet. Das ist immer noch ein guter Weg, wenn das Umfeld stimmt.
Welche Voraussetzungen sollte man für den Beruf des Werbetexters mitbringen? Kurz gesagt: Wer denken kann, kann auch texten. Eine ebenso wichtige Eigenschaft ist der Wille, eine exzellente Lösung zu finden. Der ideale Texter ist hartnäckig. Er beißt sich in einem Problem fest und lässt erst dann davon ab, wenn er eine erstklassige Idee hat. Darüber hinaus sind hilfreich: eine breitgefächerte Allgemeinbildung, vielfältige Interessen, Neugierde und Spaß an guter Werbung. Eine gewisse Leidensfähigkeit ist auch nicht schlecht. Denn 95 Prozent aller Ideen sieht man am Ende nicht auf der Straße, sondern im Papierkorb.
Du bist nicht allzu leidensfähig? Alternativ hilft auch ein schlechtes Gedächtnis.
Karrierestufen: Text-Praktikant, Junior-Texter, Texter, Senior-Texter, Creative Director Text (weil das etwas lang ist, gibt es eine schicke Abkürzung: CD Text), Executive Creative Director (ECD) und Chief Creative Officer (CCO).

Inzwischen gibt es die verschiedensten Zwischenstufen. So stieß ich vor Kurzem auf einen »Global Executive Creative Director«. Es gibt in manchen Agenturen auch den »Group CD«, um deutlich zu machen, dass er nicht einfach »nur« CD ist. Titel sind vor allem Männern wichtig, die einen Teil ihres Selbstbewusstseins daraus ableiten. Nach dem Motto: Mein Titel ist wichtig, also bin ich es auch. Das System lebt von unserem Ehrgeiz und erinnert an ein Computerspiel: Wer Level 1 erreicht hat, möchte unbedingt in Level 2. Level 2 erreicht? Auf zum Level 3! Richtig glücklich ist man nie, denn schließlich gibt es immer noch ein höheres Level. Besser ist es also, sich nicht über seinen Titel zu definieren, sondern allein über seine Arbeit. Wer exzellente Arbeit abliefert, wird von allen respektiert und steigt automatisch auf. Wer dagegen nur auf seinen tollen Titel pocht, aber nichts leistet, wird schnell als Blender abgestempelt.

Redakteur

Der Redakteur hat meistens einen journalistischen Hintergrund und schreibt Artikel für Webseiten und Kundenmagazine. Er denkt sich Konzepte aus und erstellt Redaktionspläne für Social-Media-Kanäle. Kurzum: Der Redakteur ist vielseitig einsetzbar und liefert wertvolle Inhalte.

Social-Media-Strategist

Wie geht man mit einer Community um? Wie spricht man Blogger an? Wie misst man den Erfolg von Social-Media-Maßnahmen? Welche Instrumente gibt es, Onlinekampagnen zu beobachten? Gibt es neue Möglichkeiten auf den Social-Media-Plattformen? Gibt es neue Technologien? Gibt es neue Fallbeispiele? Der Social-Media-Strategist weiß Bescheid. Auch strategisch und konzeptionell.

Community-Manager

Er betreut zum Beispiel die Facebook-Seite einer Marke, schreibt nach einem Redaktionsplan Posts und beantwortet Fragen aus der Community. Darüber hinaus berät er Kunden im Bereich Social Media und bringt neue Impulse und Ideen.

Er verfolgt Trends und Entwicklungen und führt laufend Erfolgsmessungen durch.

User-Experience-Designer

Die User Experience (UX) fasst alle Erfahrungen zusammen, die ein Nutzer macht, wenn er sich mit einer App, einer Website oder einem Produkt beschäftigt. Der UX-Designer stellt sicher, dass der User eine rumdum positive Erfahrung macht, wenn er die App benutzt, auf die Website klickt oder das Produkt zur Hand nimmt.

Grafiker

Junior-Texter und Grafiker bilden in vielen Agenturen ein Kreativteam. Die beiden denken sich zusammen etwas aus. Anschließend visualisiert der Grafiker die Vorschläge. Ausgebildet werden Grafiker an Grafikdesign-Schulen. Karrierestufen: Grafik-Praktikant, Grafiker, Junior-Artdirector, Artdirector, Senior-Artdirector, Creative Director Art (CD Art), Executive Creative Director (ECD), Chief Creative Officer (CCO).

Artdirector (AD)

Der AD ist zuständig für den Look einer Kampagne. Meistens bildet er zusammen mit einem Texter ein Kreativteam. Wenn die beiden erfahren sind, können sie auch ein Junior-Team führen, also einen Junior-Texter und einen Grafiker.

Kreativkonzepter

Mein Verständnis von einem Konzepter ist, dass er sich – Überraschung – Konzepte ausdenkt. An der JvM-Academy in Hamburg, die junge Leute mit dieser Berufsbezeichnung ausbildet, sieht man das Einsatzgebiet deutlich umfassender. Das Ausbildungszentrum von Jung von Matt und der Good School bietet ein einjähriges, duales Ausbildungsprogramm.
Der Kreativkonzepter verfügt demnach über eine gute Wissensbasis in den Bereichen Markenführung, Design, Technik sowie Projektmanagement. Darüber hinaus ist der Konzepter bei Trends und Innovationen ständig auf dem Laufenden. Doch das sind nur die Basics. Auf *jvm-academy.org* heißt es weiter: »Wo ist der Konzepter im Spezialauftrag unterwegs und besitzt das dazugehörige Know-how? Er recherchiert die notwendigen Projektgrundlagen. Das geht von der Konkurrenzanalyse über neueste Technologien und Trends bis zu Social Media Monitoring. Er unterstützt bei der Strategieentwicklung. Er entwickelt gemeinsam mit Textern, Designern, Tekkies und anderen Spezialisten Ideen. Er versteht Storytelling, sowohl etwas von linearem als auch von inter-

aktivem. Er kann eine User Experience entwickeln – von der Persona-Entwicklung bis zum Usability-Test. Er beherrscht die typischen Konzept-Deliverables, von der Sitemap bis zum Wireframe. Er kann Präsentationen bauen, nicht nur mit PowerPoint, sondern mit einer ganzen Reihe von Tools. Und er kann präsentieren. Er begleitet die Produktion. Macht den Eindruck einer eierlegenden Wollmilchsau – ist es auch. Keiner wird das alles perfekt beherrschen. Aber jeder wird sich seine Schwerpunkte suchen.«
Kurzum: ein ambitioniertes Ausbildungsziel. Oder wie es die Academy formuliert: »Die innovativste Kreativausbildung in Deutschland.«

Creative Director (CD)

Oft arbeiten CD Text und CD Art zusammen und leiten eine Gruppe von Kreativteams. »Director« hat hier weniger mit »Herr Direktor« zu tun, sondern mehr mit »Direction«, also »Richtung«. Die beiden müssen ihren Teams vermitteln, wohin die Reise geht.
Sie legen fest, wer an welcher Aufgabe arbeitet und bis wann welche Schritte erreicht werden sollen.
Die vielleicht wichtigste Aufgabe des Creative Directors ist es, die große, zentrale Idee zu finden. Er muss sie nicht unbedingt selbst haben, aber er muss sie erkennen. Wenn die Kreativteams ihre Ideen präsentieren, muss der CD innerhalb von Sekunden entscheiden, ob die Idee Potenzial hat oder nicht. Das mag schwierig klingen, aber mit der Zeit entwickelt man ein Gespür für gute Ideen und kann sich meistens schnell eine Meinung bilden.
Der CD betreut auch das Thema »gibt's schon«. Es kommt immer wieder vor, dass Kreative Ideen präsentieren, die es so oder so ähnlich schon gab. Diese Ideen muss der CD aussortieren. »Gibt's schon«, sagt er dann. Eine Wendung, die dir vermutlich noch häufiger begegnen wird.

Berater bzw. Projektmanager

Der Berater ist der erste Ansprechpartner des Kunden. Er ist ganz nah dran am Auftraggeber, versteht sein Geschäftsmodell, kennt sein Marktumfeld und seine Herausforderungen. Erst mit diesem Wissen kann er den Kunden umfassend beraten. Der Berater betrachtet Ideen auch aus der Perspektive des Kunden. Er versetzt sich in den Klienten hinein und kann so die Kreativen schon im Vorfeld einer Präsentation auf mögliche Hindernisse hinweisen.

Programmierer

Er setzt die Ideen der Kreativen technisch um und jongliert mit Begriffen wie TYPO3, MySQL, Apache, PostGreSQL, nginx und Solr.

FFF-Producer

FFF steht für Film, Funk und Fernsehen. Der FFF-Producer hält den Kontakt zu Filmproduktionen. Kreativteams, die einen Film drehen, lassen ihre Suche nach einem geeigneten Regisseur über den FFF-Producer laufen.

Art-Buyer

Wie der Name schon sagt: Das Art-Buying kauft alle kreativen Leistungen ein, die nicht innerhalb der Agentur erbracht werden. Der Art-Buyer ist Experte für Fotografen, Illustratoren und andere Künstler. Er muss eine gute Marktübersicht haben und sich auch bei Nachwuchstalenten bestens auskennen. Der Art-Buyer unterstützt den Artdirector bzw. den CD Art dabei, den richtigen Künstler zu finden. Er beschafft auch bereits bestehende Fotos oder Illustrationen, zum Beispiel über Bildagenturen. Außerdem klärt der Art-Buyer Urheber-, Nutzungs-, Persönlichkeits- und Lizenzrechte ab.

Screendesigner

Ein solcher Designer gestaltet Screens. Er beschäftigt sich zum Beispiel mit dem Design, der Usability und der Informationsarchitektur einer Website. Beim Design geht es um das Erscheinungsbild, das auf die Zielgruppe abgestimmt sein muss. Bei der Usability geht es darum, wie benutzerfreundlich die Seite ist. Und bei der Informationsarchitektur geht es um die Frage, wie die Website strukturiert ist und welche Navigationswege und Suchmöglichkeiten es gibt. Darüber hinaus gibt es noch weitere Tätigkeitsfelder, zum Beispiel die Personalabteilung, die Buchhaltung, den Produktioner (Wie stellen wir die Dinge her? Welche Druckerei beauftragen wir?) oder den Trafficer (Sind alle Mitarbeiter gut ausgelastet? Brauchen wir einen Freelancer, um das Projekt stemmen zu können?).

Über den Umgang miteinander

Wer Karriere machen will, braucht dafür keine Ellenbogen, sondern nur etwas Ehrgeiz. Es macht weder Sinn, die Ideen von anderen schlecht zu reden, noch macht es Sinn, fremde Ideen in den Himmel zu heben, die in Wirklichkeit eher

durchschnittlich sind. Am besten fährt man damit, immer ehrlich seine Meinung zu sagen.
In der Werbebranche herrscht ein scharfer Wettbewerb zwischen den Agenturen. Es liegt in der Verantwortung jedes Einzelnen, dass zumindest intern eine kollegiale und positive Atmosphäre herrscht. Das ist die Grundvoraussetzung für den Erfolg einer Agentur. Denn Kreativität kann nur in einem Umfeld entstehen, das frei ist von Angst, Politik und Streitigkeiten.

»Wie man in den Wald hineinruft, so schallt es heraus.«
Deutsches Sprichwort

Der Projektablauf

Nichts gegen kreatives Chaos, aber bei Projektabläufen hat es nichts zu suchen. Je klarer die Prozesse in einer Agentur geregelt sind, desto besser greifen alle Räder ineinander. Im Folgenden schauen wir uns an, wie der ideale Ablauf aussieht – vom Briefing bis hin zur Kundenpräsentation.

Das Briefing

Der Kunde erläutert der Agentur sein Problem, sein Ziel und die Aufgabe (das nennt man Briefing). Oft stehen entscheidende Punkte und Hintergrundinfos nicht im schriftlichen Briefing. Zum Beispiel, weil man manche Wahrheiten einfach nicht aufschreiben kann. Um doch noch an diese Infos zu kommen, sollte man beim Briefingtermin gut zuhören und versuchen, zwischen den Zeilen zu lesen. Um was geht es wirklich?
Kundenbriefings sind oft umfangreich. Es macht Sinn, diese Dokumente auf ein, zwei Seiten zu verdichten. Diese Aufgabe übernimmt der strategische Planer in Abstimmung mit dem CD und dem Kundenberater.

Das Re-Briefing

Eine Agentur, die auf sich hält, führt Aufgaben nicht einfach blind aus. Sie bildet sich ihre eigene Meinung darüber. Ist das wirklich sinnvoll? Führt dieser Weg zum Ziel? Oder wäre es vielleicht schlauer, anders vorzugehen? Um diese Fragen beantworten zu können, trägt der Planer Informationen zusammen und analysiert sie. Im Wesentlichen geht es dabei um die Fragen:

- Wie funktioniert das Geschäftsmodell?
- Wie sieht der Markt aus?
- Was macht die Konkurrenz?
- Wie tickt die Zielgruppe?
- Und wie kann sich der Kunde von der Konkurrenz differenzieren?

Im Re-Briefing nimmt die Agentur zum Kundenbriefing Stellung.
Nach dem Re-Briefing sollte alles klar sein. Die verdichtete Version des Briefings wird nun mit dem Kreativteam besprochen. Und zwar möglichst sofort. Denn bis zu diesem Punkt sind bestimmt schon einige Tage vergangen. Zeit ist in diesem Prozess äußerst kostbar.

Der Inhalt des Briefings

Im Briefing sollten folgende Fragen beantwortet werden:

1. Wie ist die Historie der **Marke**? Wie ist ihre aktuelle Situation? Wie funktioniert ihr Geschäft? Wie sieht der Markt aus? Was macht der Wettbewerb? Wo liegt das Problem? Wie sah die Kommunikation in der Vergangenheit aus? Wie sieht die Kommunikation der Konkurrenz aus?
   Wenn du die aktuellen Kampagnen der Konkurrenz kennst, weißt du schon mal, was du nicht vorschlagen solltest.
2. Was ist das **Ziel**? Was soll die Werbung erreichen?
3. Mit wem sprechen wir? Hier geht es darum, die **Zielgruppe** kennenzulernen. Nicht nur demografisch. Es geht auch um eine persönliche, menschliche Beschreibung (man spricht von *Personas*). Wie denken und fühlen diese Leute (*Insights*)? Was bewegt sie? Welche Vorlieben und Erwartungen haben sie? Gibt es bekannte Persönlichkeiten, die die Zielgruppe repräsentieren könnten, um sie anschaulicher und greifbarer zu machen? Welche Phasen durchläuft ein Kunde, bevor er das Produkt kauft (*Customer Journey*)? Wo und wann erreichen wir die Zielgruppe am besten?
4. Was ist die **Botschaft**? Die Fragen nach Botschaft und Zielgruppe sind die entscheidendsten im Marketing. Damit fängt alles an. Bei der Botschaft sollte man sich auf einen einzigen Punkt beschränken. Im Prinzip ist das wie bei einem Mann, der einen Tennisball fangen soll. Einen einzigen Ball kann er mühelos fangen. Wenn du ihm aber zwei oder sogar noch mehr Bälle gleichzeitig zuwirfst, ist er verwirrt und fängt am Ende vielleicht gar keinen.
5. Wie können wir die Botschaft begründen?
6. Welche Tonalität soll die Werbung haben?

7. Welche Gedanken und Gefühle soll die Zielgruppe haben, wenn sie die Werbung gesehen hat?
8. Was müssen wir beachten? Was ist noch wichtig zu wissen?

Der Fahrplan

CD und Berater legen einen Fahrplan fest, der den Prozess zur Präsentation strukturiert. Es werden Termine festgelegt, bei denen die Kreativteams dem CD ihre Ideen vorstellen (solche Treffen nennt man *Abstimmungen*). Außerdem gibt es Termine, bei denen sich die Kreativen mit dem Berater treffen. Die Teilnehmer hängen vom Projekt ab. Wichtig ist, dass alle im Team den Fahrplan kennen und sich daran halten.

Mit dem Briefing arbeiten

Kreative neigen dazu, das Briefing einmal zu lesen – und dann nie wieder. Damit verschenken sie Potenzial. Denn in jedem Briefing steckt auch schon die Lösung. Man sieht sie nur noch nicht. Sinnvoller ist es, sich intensiv mit dem Briefing zu beschäftigen. Am besten täglich. So sinkt die Gefahr einer Themaverfehlung.
Meiner Meinung nach sollten sich Kreative auch das umfangreiche Kundenbriefing durchlesen. Schließlich gehen zwangsläufig Details verloren, wenn das Kundenbriefing auf eine Kurzform verdichtet wird. Vielleicht bekommt man aber durch diese Details den entscheidenden Impuls für die große Idee.

Der Schulterblick

Unter einem Schulterblick versteht man einen Termin, bei dem die Agentur dem Kunden den Stand der Dinge vorstellt. Es ist noch keine finale Präsentation, sondern ein eher informeller Zwischenschritt. Der Kunde wird also nicht vor vollendete Tatsachen gestellt, sondern hat die Möglichkeit, noch rechtzeitig mit Hinweisen und Wünschen einzugreifen. Die Agentur stellt meistens mehrere Richtungen vor, um vom Kunden zu erfahren, mit welcher er sich am wohlsten fühlt.

Die Präsentation

Nun ist endlich der große Tag gekommen: Die Agentur präsentiert die Lösung. Meistens läuft eine Präsentation in den folgenden Schritten ab:
- Die Werber wiederholen die Aufgabe.
- Sie analysieren die Situation.

- Sie leiten daraus ihre Strategie ab.
- Sie präsentieren ihre Kommunikationsidee.

Ob man dem Kunden nur eine Möglichkeit oder drei Möglichkeiten anbietet, hängt ganz von der Agentur ab. Nur eine Kampagne vorzustellen zeigt, dass die Agentur von ihr absolut überzeugt ist. Auf der anderen Seite hat der Kunde bei drei Möglichkeiten eher das Gefühl, die Wahl zu haben. Es hängt auch von der Situation ab, ob man mit einer, zwei oder drei Kampagnen antritt. Bei einer Wettbewerbspräsentation (*Pitch* genannt), bei der mehrere Agenturen ihre Ideen vorstellen, kann es sinnvoll sein, nur einen einzigen Weg darzustellen und alle Kraft darauf zu konzentrieren.

Der Aufwand, den Agenturen für Präsentationen betreiben, ist in den letzten Jahren noch einmal gestiegen. Am Computer werden Motive gebaut, damit der Kunde sich die Idee leichter vorstellen kann. Oft wird aus bestehendem Material ein Mood-Film geschnitten, der die Grundidee der Kampagne emotional darstellen soll.

Kunden gehen unterschiedlich mit Präsentationen um. Die einen bedanken sich höflich, diskutieren intern weiter und melden sich nach einigen Tagen mit einer klaren Entscheidung bei der Agentur. Andere machen unmittelbar nach der Präsentation eine Feedbackrunde. Jeder auf Kundenseite darf kurz seine Eindrücke mitteilen. Oft beginnt der Praktikant, dann werden die Titel immer höher – bis am Schluss der Chef sagt, wie es wirklich ist.

KAPITEL 3
POSITIONIERUNG UND LEITIDEE

Mit Kreativität ist es wie mit einem Boxer. Wenn Kreative sich austoben und einfach »geiles Zeug« machen wollen, dann ist das, als ob der Boxer blind um sich schlagen würde. Das ist falsch und bringt nichts. Kreativität muss immer zielgerichtet sein. Dann landet die Faust nicht irgendwo, sondern am Kinn der Konkurrenz. Positionierung und Strategie helfen uns, die richtige Richtung zu finden.

Die Positionierung

Strategie, was ist das eigentlich? Werbung hat zwei Aspekte: Was sie sagt und wie sie es sagt. Das »Was« ist die Strategie, das »Wie« die Umsetzung. Um erfolgreich zu sein, müssen sich Unternehmen vom Wettbewerb abgrenzen und dem Kunden klarmachen, warum er ausgerechnet ihr Produkt kaufen sollte. Was ist der Unterschied zum Wettbewerb? Wo liegt der Vorteil für den Kunden? Bei der Positionierung geht es darum, den Markt zu analysieren und die passende Lücke für das Produkt bzw. das Unternehmen zu finden. Das wird immer schwieriger. Echte Alleinstellungsmerkmale (USP, *Unique Selling Proposition*) gibt es kaum noch. Innovationen werden schnell von den Wettbewerbern kopiert. Die Folge ist, dass sich Produkte immer mehr angleichen.

In so einem Fall gilt: Raus aus dem Einheitsbrei! Die Konsumenten müssen verstehen, was das Besondere am Produkt ist und warum sie gerade dieses Produkt kaufen sollen und nicht ein anderes. Es ist unsere Aufgabe, darauf eine überzeugende Antwort zu finden.
Sehr klar stellt zum Beispiel Tchibo seine Einzigartigkeit heraus. Seit 2008 werben die Unternehmensbereiche mit der einprägsamen Aussage »Das gibt es nur bei Tchibo«.

Die Zielgruppe

Ausgangspunkt für alle Überlegungen ist der Konsument. Wir müssen herausfinden, für wen das Produkt interessant ist bzw. interessant sein könnte. Wer ist die Zielgruppe? Welche Motive, Wünsche und Bedürfnisse hat sie? Wie denkt sie? Womit beschäftigt sie sich? Was ist wichtig für sie? Warum kauft sie das Produkt bzw. warum kauft sie das Produkt noch nicht? Wie muss man sie ansprechen? Lässt sie sich mit rationalen Argumenten überzeugen? Oder muss man sie schlau verführen?
Wenn es keinen handfesten Vorteil gibt, muss man sich emotionale Gründe einfallen lassen, die man in der Kommunikation herausstellen kann.
Die erste Anzeige der Londoner Agentur BBH für Levi's zeigt beispielsweise eine Schafherde. Alle Schafe schauen nach links. Dazwischen ist ein schwarzes Schaf, das genau in die andere Richtung schaut. Headline: »When the world zigs, zag. Black Levi's.« Dieses Prinzip galt fortan als Leitidee für BBH. Man wollte anders sein als die anderen, sich abgrenzen, unterscheiden, aus der Reihe tanzen.

»Think of what everybody does in the category of the product you're advertising and do the opposite.«

James Lowther, Copywriter and Creative Director

Die Copystrategie

Formuliert werden die Gedanken zu Positionierung, Strategie und Zielgruppe in der Copystrategie. Sie hat drei Ebenen:

1. **Das Produktversprechen (Consumer Benefit):** Was hat der Verbraucher davon, das Produkt zu kaufen?
2. **Die Begründung (Reason-Why):** Warum sollte der Verbraucher an das Versprechen glauben?
3. **Die Tonalität (Tonality):** Wie spricht die Werbung den Verbraucher an?

Die Kommunikationsidee

Unsere Aufgabe ist es, eine Kommunikationsidee zu finden, die unserem Kunden einen Vorteil vor seiner Konkurrenz verschafft. Eine Idee, die sein Produkt von allen anderen abgrenzt und es einzigartig erscheinen lässt. Auch Produkte, die es schon 100 Jahre gibt, müssen wir immer wieder neu und frisch verpacken, so dass man Lust auf sie bekommt.

Markenclaim

Der Markenclaim ist der Dreh- und Angelpunkt der Kommunikation. Er positioniert das Produkt und gibt dem Konsumenten ein zentrales Versprechen. Der Begriff *Claim* stand in den USA für das Gebiet, das ein Goldschürfer für sich beanspruchte.

Marken machen im Prinzip das Gleiche. Sie beanspruchen ebenfalls bestimmte Bereiche im Markt:

- BMW sagt: Mir gehört der Bereich Fahrfreude (Claim: »Freude am Fahren«).
- Mercedes sagt: Mir gehört der Bereich »das Beste«. (Claim: »Das Beste oder nichts«).
- Und Audi erklärt: Mein Bereich heißt Technologieführerschaft (Claim: »Vorsprung durch Technik«).

Die US-Amerikaner Al Ries und Jack Trout vom Marketingbüro Trout & Partners postulieren, dass jede Marke ein Wort besitzen soll. So wie Volvo *Sicher-*

heit besitzt und BMW *Fahrfreude*. Die beiden haben vor über 40 Jahren eine dreiteilige Artikelserie für den Fachtitel Advertising-Age geschrieben. Überschrift: »Die Positionierungs-Ära kommt.«
Darin heißt es: »Heute versucht ein erfolgreicher Werber das Produkt mit Werbung in den Köpfen der Kunden zu positionieren und nicht, die Vorteile oder Eigenschaften zu kommunizieren.«
Ich denke, das eine schließt das andere nicht aus. Man kann auch Produkteigenschaften herausstellen, um etwa »Vorsprung durch Technik« zu belegen. Richtig ist: Es wird oft zu viel kommuniziert und zu wenig positioniert. Was man sagt, muss die Positionierung untermauern. Denn einzelne Produktvorteile kann man sich nicht immer besonders gut merken, die Positionierung dagegen schon. Volvo – Sicherheit, BMW – Fahrfreude, Audi – Vorsprung durch Technik. Das kann man sich merken.
Klare Positionierung = klares Versprechen oder klare Haltung! Es empfiehlt sich für Marken, auf den Bereich zu setzen, in dem man sehr gut und möglichst einzigartig ist. Man sollte nicht behaupten, man sei überall sehr gut. Das wirkt beliebig. Eine klare Positionierung mit einem klaren Versprechen oder einer klaren Haltung ist die Grundlage dafür, dass der Verbraucher die Marke gedanklich einordnen kann.

»The best definition of a brand I ever heard is this: A brand is the most valuable piece of real estate in the world: a corner of someone's mind.«

John Hegarty, BBH

Dr. Best: Die klügere Zahnbürste. Hier ein Beispiel dazu: In der 11. Klasse arbeitete ich in den Ferien im Telefonstudio der GfK-Marktforschung. Ich rief Leute an und befragte sie über Werbung. Zum Beispiel über Werbung für Zahnpasta und Zahnbürsten. Der Film, den fast alle Leute ungestützt nacherzählen konnten, war die Werbung von Dr. Best: »Ja, das kann ich Ihnen genau sagen«, berichtete mir eine Frau am Telefon. »Da gibt es einen Dr. Best. Die klügere Zahnbürste gibt nach. Der Dr. Best nimmt dann eine Tomate und drückt mit der Zahnbürste gegen die Tomate – und die Zahnbürste gibt dann nach.«
Warum ist der Spot so klar im Kopf? Zum einen, weil er lange im Fernsehen lief. Aber auch deshalb, weil er sich auf einen einzigen, klaren Punkt konzentriert:

tinyurl.com/dr-best-zahnbuerste

Die klügere Zahnbürste gibt nach. Das beschreibt die Federung der Zahnbürste. Sie sorgt dafür, dass die Bürste bei zu starkem Druck nachgibt und so das Zahnfleisch vor Verletzungen schützt.

Fassen wir noch einmal kurz zusammen:

- Bei der Positionierung schauen wir uns die Kommunikation der Wettbewerber an und versuchen herauszufinden, wer dem Konsumenten welches Versprechen gibt.
- Wir versuchen, für unseren Auftraggeber eine Lücke im Markt zu finden: ein Versprechen, das noch keiner macht, das für die Zielgruppe relevant ist und das die Marke glaubhaft vertreten kann.
- Dieses Versprechen entspricht der Positionierung, die im Claim formuliert wird.

Wie man so einen Claim entwickelt, sehen wir uns jetzt an. Wir unterscheiden zwischen

1. einem **Markenclaim** und
2. einem **Kampagnenclaim**.

Ein Markenclaim muss langfristig bestehen bleiben. Ein Kampagnenclaim ist nur für eine Kampagne gedacht.

Der Markenclaim

Im Folgenden geht es zunächst um Markenclaims.

Anforderungen an den Markenclaim

Für sie gibt es einige Anforderungen. So muss ein Markenclaim sein:

1. **Exakt.** Der Claim muss präzise das Versprechen vermitteln, das die Marke dem Konsumenten gibt – und damit gleichzeitig die Positionierung abbilden. Das Versprechen kann auch eine Haltung oder eine Philosophie sein. Hinweis: Wenn etwa der Claim für einen Urlaubsanbieter *Spaß* ausdrücken soll, muss man das Wort »Spaß« nicht unbedingt in den Claim hineinschreiben. Der Claim kann auch durch seine Formulierung Spaß beim Leser auslösen.
2. **Knapp.** Der Claim muss schnell auf den Punkt bringen, wofür die Marke steht. Der Spruch sollte so lang wie nötig, aber so kurz wie möglich sein. »Wohnst du noch oder lebst du schon?« von Ikea bzw. der Agentur weigertpirouzwolf gehört nicht zu den kürzesten Claims, aber zu den guten.
3. **Klar, leicht verständlich.** »Come in and find out« lautete der Claim von Douglas. Untersuchungen zeigten, dass viele Leute den Claim nicht richtig verstanden.[11] Komm rein und finde wieder hinaus? Was soll das denn bedeuten?
   Man sollte sich gut überlegen, ob die Zielgruppe wirklich versteht, was man ausdrücken möchte. Bei internationalen Marken kommt noch die Anforderung hinzu, dass der Claim in allen Kulturkreisen verständlich sein muss. Klarheit hilft. »Just do it« und »Nichts ist unmöglich« sind klare Ansagen.
4. **Merkfähig.** Ein Claim muss im Kopf bleiben. Wenn er etwas Merk*würdiges* hat, wird er dadurch oft erst merk*fähig*. Ein irritierendes, störendes Element ist gut – solange es einfach ist. Etwas, was zunächst seltsam erscheint, gewinnt mit der Zeit an Kraft. Claims sind nicht für den Augenblick gedacht, sondern für Jahre. Das sollte man im Hinterkopf haben, wenn man Claimlisten durchgeht. Was spontan gefällig wirkt, verliert mit der Zeit häufig an Reiz.

---

11 Leffers, Jochen: Denglisch in der Werbung: Komm rein und finde wieder raus. In: *spiegel.de*, 28.07.2004. URL: *http://www.spiegel.de/unispiegel/wunderbar/denglisch-in-der-werbung-komm-rein-und-finde-wieder-raus-a-310548.html*

Claims, die sich reimen oder die man sogar singt, kann man sich leichter merken. Bekannt ist zum Beispiel der gesungene Haribo-Spruch »Haribo macht Kinder froh. Und Erwachsene ebenso.«
In einer Ausgabe des Airberlin-Magazins fiel mir ein Claim für Generali auf. In der Anzeige war der Direktor der Versicherung abgebildet. Text dazu: »Keine Bange! Axel Lange.« Lustig, der Spruch bleibt im Kopf.
Noch ein Beispiel. Am Stuttgarter Flughafen sah ich einen Claim, mit dem der ObeyYourBody-Shop wirbt: »Treat your skin from within.« Der Spruch hat eine klare Aussage und reimt sich, so dass man ihn sich besser merken kann. Ein gelungenes Beispiel dafür, dass Reime auch souverän sein können.

5. **Klangvoll.** Ein Claim muss leicht von der Zunge gehen.
6. **Passend zu Marke und Zielgruppe.** »Deutsche Bank – Leistung ist geil« wäre von der Tonalität her schwierig. »Leistung aus Leidenschaft« klingt passender.
7. **Optional: eindeutig zuzuordnen.** Verbraucher haben oft Schwierigkeiten, einen Claim der richtigen Marke zuzuordnen. Deshalb ist es sinnvoll, die Marke im Claim zu verankern. Hier einige Beispiele dafür:
   - »Test the West.«
   - »BILD Dir Deine Meinung.«
   - »Spiegel-Leser wissen mehr.«
   - »It's not a trick, it's a Sony.«
   - »Maybe it's Maybelline.«
   - »Bitte ein Bit.«
   - »Sind wir nicht alle ein bisschen Bluna?«
   - »Alles Müller, oder was?«
   - »Wenn's um Geld geht: Sparkasse.«
   - »Ich reservieHRS.«

Wir Deutschen neigen dazu, Werbung wie Mathematik zu betrachten. Tatsächlich lebt gute Werbung genau vom Gegenteil: vom Irrationalen, vom Irritierenden, vom Überraschenden. Ein rational richtiger Claim ist meistens falsch. Ein Claim muss erst im Bauch stimmen – und dann im Kopf.
Hier drei Beispiele für Sprüche, die in Deutschland für Aufmerksamkeit gesorgt haben:

- »Media Markt. Ich bin doch nicht blöd«: Hier hat For Sale geschickt einen Spruch aufgegriffen, der schon im allgemeinen Sprachgebrauch war.

- »Baden-Württemberg. Wir können alles. Außer Hochdeutsch«: In diesem Fall hat Scholz & Friends etwas geschaffen, was noch kein Allgemeingut war. Die Wahrheit dahinter ist so brillant beobachtet und so humorvoll, dass die Menschen den Spruch einfach lieben.
- »Saturn. Geiz ist geil«: Jung von Matt hat mit diesem Spruch den Zeitgeist getroffen und in Worte gefasst.

Die Seele des Claims: das Versprechen

Werbung ist die Kunst, Dinge so darzustellen, dass sie ein Begehren wecken und etwas Besonderes werden. Es geht darum, einen emotionalen Mehrwert zu vermitteln. Edeka verkauft nicht einfach nur Lebensmittel, Edeka liebt Lebensmittel. Milka ist nicht einfach nur Schokolade, sondern die zarteste Versuchung, seit es Schokolade gibt. Die Deutsche Bank bietet nicht einfach nur Finanzdienstleistungen an, sie zeigt Leistung aus Leidenschaft. Und der Spiegel versprach früher: Spiegel-Leser wissen mehr.

Das Versprechen kann auch eine Haltung sein. Ein Spruch, der eine Philosophie ausdrückt. Oft wirken solche Claims moderner und faszinierender als rationale Leistungsversprechen. »Nichts ist unmöglich« ist so eine Haltung, die übrigens auch gut nach innen ins Unternehmen hineinwirkt.

Wie man einen Claim entwickelt

Bei der Entwicklung eines Claims lassen sich vier Phasen feststellen.

1. **Phase: Analyse.** Der strategische Planer und/oder der Berater stellen die Logos und Claims der Konkurrenz zusammen. Sie sammeln Informationen über den Markt und erstellen ein Briefing.
2. **Phase: Der Texter textet.** Er liest das Briefing, schaut sich die Claims der Konkurrenz an und schreibt dann Vorschläge.

   Eine Möglichkeit anzufangen: Schreibe erst einmal den Briefingsatz auf. Versuche nun, diese Aussage mit anderen Worten zu formulieren. Gibt es eine andere Perspektive, die man einnehmen könnte? Gibt es einen überraschenden Blickwinkel? Versuche, den Markennamen zu integrieren, damit man den Claim klar zuordnen kann. Die Tonalität ist enorm wichtig dabei. Wie muss sich der Claim anfühlen? Soll er schon beim Lesen Spaß machen? Soll er provozieren?

   Das Nachdenken ist ein Prozess. Man muss sich entspannen, locker machen, die Gedanken fließen lassen und dabei bei der Aussage bleiben.

Wie auch immer die Lösung am Ende heißen wird: Sie muss das Briefing abbilden.

Einen Claim zu schreiben ist meistens eine umfangreiche Aufgabe. Deshalb zieht man gern Unmengen von Textern zusammen, die unzählige Sprüche klopfen – und das über Tage hinweg. Wenn es um einen Markenclaim geht, kann man schon mal ein paar Wochen oder sogar Monate damit beschäftigt sein. So eine Aufgabe braucht ihre Zeit.

3. **Phase: Der CD sucht aus.** Der Creative Director filtert aus den Vorschlägen die Favoriten heraus.

   Beim Schreiben empfiehlt es sich, auf Masse zu gehen – beim Aussuchen geht es dann um Klasse. Werner Herrwerth, der mit seiner Münchner Agentur Herrwerth & Partner den Ikea-Elch entwickelt hat und für BMW den Claim *Freude am Fahren* auf die Straße brachte, hatte bei der Claimsuche eine interessante Angewohnheit, von der mir ein ehemaliger Texter von Herrwerth & Partner erzählt hat. Herrwerth legte den Papierstapel mit Vorschlägen vor sich auf den Tisch und fuhr mit dem Daumen prüfend über die Ecken der Seiten. Nach dem Motto: Dann wollen wir doch mal sehen, ob der Texter auch fleißig war. Fleiß ist beim Claimschreiben tatsächlich hilfreich. Ohne Masse keine Klasse.

4. **Phase: Die Favoriten werden überprüft.** Der strategische Planer und/oder der Berater machen einen Vorabcheck der Favoriten. Zum Beispiel über Google oder spezielle Claimdatenbanken wie *www.slogans.de*. Es geht dabei nicht darum, Rechtsanwalt zu spielen, sondern darum, schon im Vorfeld offensichtliche Probleme zu erkennen. Ich empfehle, bereits zu Beginn des Projekts mit dem Kunden zu besprechen, wer die Claims juristisch prüfen lässt und wer sich um die Eintragung ins Markenrechtsregister kümmert.

   - Checkpunkt 1: Ist die Aussage des Claims wettbewerbsrechtlich zulässig? Aussagen müssen glaubhaft und nachweisbar sein. Reine Behauptungen sind unzulässig. »Der beste Autobauer der Welt« ist zum Beispiel unzulässig.
   - Checkpunkt 2: Besitzt der Claim Unterscheidungskraft? Laut Markengesetz können Marken keinen Eintrag vornehmen, deren Waren oder Dienstleistungen keine Unterscheidungskraft haben. Das heißt, die Claimaussage ist eher beschreibend und bleibt allgemein. »Das erfrischt jeden« wäre für einen Getränkehersteller zu allgemein.
   - Checkpunkt 3: Besteht eine Verwechselungsgefahr? Könnte die Öffentlichkeit das Produkt mit einem anderen verwechseln?

Einige besonders gelungene Claims zur Inspiration:

- »Henkel. A Brand like a Friend.«
- »Apple. Think different.«
- »Nike. Just do it.«
- »IBM. Solutions for a small planet.«
- »The Independent. It is. Are you?«
- »Coca-Cola. Mach dir Freude auf.«
- »Snickers. Und der Hunger ist gegessen.«
- »Julius Bär. True to you.«

Recherche-Instrumente

- Das Deutsche Patent- und Markeramt (DPMA) informiert über bereits vorhandene Claims: *http://register.dpma.de*
- Für Europa gibt es CTM-Online: *http://oami.europa.eu*
- International gibt es die Madrid Express Database: *http://www.wipo.int/madrid/en/services/*
- Es gibt auch die Website *www.slogans.de*, die allerdings kostenpflichtig ist.
- Einen ersten Eindruck, ob es den Claim schon gibt oder nicht, liefert eine Google-Suche.
- Ebenfalls hilfreich: ein Logocheck über *http://www.brandsoftheworld.com*
- Für einen Domaincheck gibt es die folgenden Websites: *http://www.denic.de, http://www.strato.de/hosting, http://www.checkdomain.de*

Der Kampagnenclaim

Der Kampagnenclaim ist der Schlachtruf einer Kampagne, der allen Werbemaßnahmen eine gemeinsame Richtung gibt und eine inhaltliche Klammer darstellt. Schöne Beispiele kommen immer wieder von der Agentur Heimat für Hornbach: »Und was bleibt von Dir?«, »Keiner spürt es so wie Du«, »Und jetzt Du«, »Wie viel Wahnsinn steckt in Dir?« oder »Du lebst. Erinnerst Du dich?«. Viele Kampagnenclaims sind gleichzeitig Produktclaims, die das Produkt positionieren. Gut studieren kann man das vor allem im Bereich Automobile:

- »Audi TT. Driven by instinct.«
- »Mercedes-Benz S-Klasse. Sinn und Sinnlichkeit.«
- »BMW Z4. Die Summe aller Sinne.«
- »BMW 5er. Die treibende Kraft.«

Oft sind die Lösungen gar nicht so weit weg vom Briefing. Der Gedankengang zum Ziel ist oft kurz und einfach. Bei Jung von Matt/Alster hatte ich einmal die Aufgabe, die Leitidee für eine Mercedes-Kampagne zu entwickeln. Es ging darum, den SL, CLS und SLK weltweit möglichst faszinierend zu inszenieren. Der Gedanke, der mich zum Claim führte, war einfach. Ich dachte mir: Was verbindet den SL, den CLS und den SLK? Sie sind alle Traumautos von Mercedes-Benz. Jetzt kommt der Gedankensprung, den mein Gehirn in Eigenregie machte: Beim Wort »Traum« hatte ich die Assoziation »Traumfabrik Hollywood« im Kopf. So entstand der Claim: »Aus der Traumfabrik von Mercedes-Benz. Die neue Generation des SL, CLS und SLK.«

Eine Positionierung muss langfristig sein

Eine Marke hat einen Kern, aber mehrere Facetten. Bei BMW heißt der Markenkern zum Beispiel *Freude*. Dieser Punkt wird um weitere Dimensionen ergänzt. Etwa *dynamisch*, *kultiviert* und *herausfordernd*.
Beständigkeit ist bei diesen Werten zentral wichtig. Schließlich geht es darum, dem Verbraucher zu vermitteln, wofür die Marke steht. Wenn man diese Aussage nun ständig ändert, verschwimmt das Bild. Deshalb ist Markenführung ein Thema, bei dem man äußerst behutsam vorgehen muss. Sir John Hegarty sagte dazu: »When a brand is in trouble, go back to its soul. If a brand drifts away from its basic principles it becomes vague, flaccid, nobody understands it. The answer lies in what made it great? Why was it so successful? Go back to its roots. That's what we did with Levi's and Audi.«[12]
Auf der anderen Seite gilt es, die Marke an neue Entwicklungen anzupassen und weiterzuentwickeln. Mit dem Konzept »EfficientDynamics« stößt BMW zum Beispiel weiter in den Bereich Nachhaltigkeit und Effizienz vor.

Gib deinem Baby einen Namen

Wenn du eine Idee auf die Welt gebracht hast, solltest du ihr als gute Mutter oder als guter Vater einen Namen geben. Namen helfen dem Publikum, sich

12 Maxwell Chris: My business life. In: *www.director.co.uk*, Juni 2014.

an Dinge zu erinnern. Der Name bzw. Titel sollte sich interessant anhören. *GT Ride* klingt zum Beispiel spannender als *KIA Game App*.
Wir machen ein kleines Spiel. Ich gebe ein paar Stichworte – und du beobachtest, wie du darauf reagierst:

- Hasta la vista, Baby!
- Wetten, dass ...?
- Der Hobbit
- James Bond
- Spiel mir das Lied vom Tod

Ich nehme an, du kannst mit jedem Schlagwort und jedem Spruch etwas anfangen. Die Worte sind wie Lesezeichen. Kaum hat man sie gehört, hat man auch schon die Geschichte im Kopf. In der Werbung ist es ähnlich. Hier wieder einige Begriffe:

- Supergeil
- Horst Schlämmer
- Hornbach-Hammer
- One Million Voices
- Das WWF
- Superingo
- Wo ist der Tank?
- Think small
- Mein Haus, mein Auto, mein Boot
- Er läuft und läuft und läuft

Na, alle Geschichten im Kopf gehabt? Du merkst: Es ist sinnvoll, Kampagnen über Worte im Gehirn zu verankern.

Die Leitidee

Eine Kampagne ist wie eine Schlacht, in der alle Truppenteile ein gemeinsames Ziel verfolgen: Eroberung. Von Hirnen, Herzen und Marktanteilen.
Die Soldaten haben verschiedene Fähigkeiten und Aufgaben. Bogenschützen werden anders eingesetzt als Reiter. Was alle verbindet, ist das gemeinsame Banner und der gemeinsame Schlachtruf, mit dem sie ins Feld ziehen. »Deus

vult!« (Gott will es) riefen etwa die Krieger im ersten christlichen Kreuzzug, bei dem Jerusalem erobert wurde. »Hurra!« war der Schlachtruf im österreichischen Kaiserreich. Und »Banzai!« die Losung, mit der sich die Samurai ins Getümmel stürzten.

Statt Kavallerie, Fußsoldaten und Bogenschützen schickt der Marketingleiter Fernsehspots, Onlinewerbung und Postwurfsendungen ins Feld. Und statt Schlachtruf spricht man von einem Claim.

Am erfolgversprechendsten ist es, wenn alle Truppenteile die gleiche Strategie verfolgen. Wenn die Bogenschützen Plan A umsetzen und die Reiterei Plan B, dann kann das nicht gut gehen. Und was ein schlauer Plan bewirken kann, das wissen wir spätestens seit der Schlacht um Troja.

Wer mit einer Kampagne ins Feld zieht, braucht einen schlauen Plan, wie das Ziel erreicht werden kann. Alle Maßnahmen müssen diesen Plan unterstützen. Ein Schlachtruf bzw. Kampagnen- oder Markenclaim fasst die Marschrichtung zusammen.

Wenn du an der Leitidee der Kampagne arbeitest, solltest du medienneutral denken. Das heißt: Denke nicht in Kanälen, sondern in Geschichten. Überlege dir, wie die Pressemeldung lauten würde, wenn die Kampagne angelaufen ist. In welchen Medien du die Geschichte erzählst, das kommt im zweiten Schritt. Gerade auf internationalen Etats macht dieses Vorgehen Sinn. Alle nationalen Märkte bekommen eine einheitliche Story. Wie sie diese Story erzählen, bleibt ihnen überlassen. Der eine Markt setzt vielleicht auf TV, weil dieser Kanal in seinem Land günstig ist und er die Zielgruppe so gut erreicht. Ein anderer setzt vielleicht nur auf Online, weil er seine Zielgruppe so am treffsichersten ansprechen kann. Märkte sind verschieden. Aber die Grundgeschichte kann überall gleich sein. Das sorgt für einen einheitlichen Auftritt und eine einheitliche Wahrnehmung der Marke.

Chuck Porter von der Agentur Crispin Porter+Bogusky fasst das so zusammen: »Der erste Schritt ist, dass man sich sagt: Ok, wir haben ein Problem, das werden wir lösen. Wir denken dabei weder an Anzeigen noch an den Kunden noch an Medienkanäle. Nichts existiert. Sobald man irgendwoher Anleihen nimmt, wird es schwer, etwas zustande zu bringen, was herausragt und sich abhebt.«[13]

13 Groeneveld, Benno: Die Idee ist der Boss. In: w&v, Nr. 46/2005, Seite 41.

Es gibt übrigens auch Kampagnen, die den Markenclaim als Dach nutzen und ohne Kampagnensatz auskommen. Wunderbar, so spart man sich eine Zwischenebene und ist noch näher an der Marke.
Schau dir den Tagesablauf der Zielgruppe an. Wo gibt es eine Möglichkeit, sie geschickt zu erreichen? Auf welche Botschaft springt sie an? Was ist für sie relevant? Was hilft den Menschen, ihr Leben zu meistern und angenehmer zu machen? Erst wenn man das weiß, kann man Konzepte und Leitideen entwickeln. Beantworte die zentrale Frage des Konsumenten, die er sich bei jeder Werbung stellt: Was hat das mit mir zu tun?
Frage dich, welches Thema für die Zielgruppe besonders relevant ist und ob die Marke dieses Thema erfolgreich besetzen könnte. Nike zum Beispiel spricht nur wenig über Schuhe und dafür umso mehr über die Athleten und ihre Geisteshaltung. Auch Apple sprach zu Steve Jobs' Zeiten nicht über Bits und Bytes, sondern darüber, die Welt mit kreativen Ideen zu verändern (»Think different«).
Am Ende geht es darum, eine interessante Geschichte zu erzählen. Es geht darum, Dinge zu entwickeln, mit denen sich die Zielgruppe freiwillig gerne beschäftigt. Dinge, die Menschen involvieren, emotional ansprechen, unterhaltsam und/oder nützlich sind.
Ausgehend von der Leitidee als übergreifendes Dach überlegt man sich Maßnahmen für die Kanäle, in denen man die Zielgruppe am besten erreicht. Bei jedem einzelnen Kontakt mit der Marke geht es darum, dem Menschen ein für ihn relevantes, positives Erlebnis zu verschaffen. Die Leitidee soll nicht roboterhaft und gedankenlos auf die verschiedenen Kanäle adaptiert werden. Vielmehr geht es darum, die Geschichte so zu erzählen, dass das Wesen jedes Medienkanals optimal genutzt wird.

Harvey Nichols: Sorry, I spent it on myself. Die Agentur adam&eveDDB aus London entwickelte für das britische Nobelkaufhaus Harvey Nichols eine neue Produktreihe, die die Kunden ermunterte, ihr Geld nicht für ihre Lieben auszugeben, sondern für sich selbst. Online und vor Ort konnte man zum Beispiel eine Zahnbürste kaufen. Oder einige Zahnstocher. Darauf stand: »Sorry, I spent it on myself.«
Diese Leitidee wurde mit verschiedenen Medien bekannt gemacht. Zum Beispiel mit TV-Spots, Anzeigen, PoS-Postern und Onlinebannern.

tinyurl.com/harvey-nichols-christmas

Eine mutige Geschichte, die weltweit bei allen wichtigen Festivals mit Preisen überhäuft wurde. Allein beim Cannes Festival erhielt die Arbeit vier Grands Prix – zum Beispiel in der Kategorie Integrated. Jurypräsident Prasoon Joshi, Chairman, CEO und Chief Creative Officer der McCann Worldgroup India, erklärte dazu: »The Harvey Nichols campaign was an idea we all fell in love with. We felt universally it was about doing what you preach. It's about changing behavior and was absolutely funny and unapologetic about what the brand is. It's a very confident piece of work that not only communicates the core brand, but also expands the idea of advertising.«[14]

Gatorade: Replay. In den USA trainieren sieben von zehn Erwachsenen über 30 Jahre nicht regelmäßig. Sie trinken Gatorade also nicht mehr so oft, wie das früher einmal der Fall war. Das Ziel der *Replay*-Kampagne war, frühere Gatorade-Kunden wieder für ihren Sport zu begeistern. Die Idee: Ganz gleich, wie gut man als Athlet in der Highschool war – jeder Sportler hat mindestens ein Spiel hinter sich, bei dem er gern nachträglich das Ergebnis ändern würde. Aber bei solchen Matches gibt es nun mal keine zweite Chance. Die Agentur TBWA/Chiat Day hat sich gefragt: Was wäre, wenn man doch eine zweite Chance bekommen würde?

14 Diaz, Ann-Christine: Sound of Honda Snags Titanium Prize, Harvey Nichols' Cheap Gifts Campaign Wins Integrated. In: *Ad.Age.com*, 21.6.2014.

Gatorade rief ehemalige Spieler aus der Highschool zusammen, um das Spiel zu wiederholen, das vor Jahren sieben zu sieben ausgegangen war. Die Männer waren inzwischen um die 30 und mussten sich erst einmal wieder in Form bringen. Dabei wurden sie 90 Tage lang von Sportexperten unterstützt. Doch nicht nur die Spieler wurden reaktiviert. Auch die Cheerleader, die Trainer und sogar die Bandmitglieder von damals wurden zusammengetrommelt. Das Stadion von damals mit 15 000 Plätzen war innerhalb von 90 Minuten ausverkauft. Mit dieser Geschichte generierte Gatorade keine Werbung, sondern Nachrichten. 225 000 US-Dollar investierte das Unternehmen in eine integrierte Kampagne (PR, Social Media, Branded Content) und erhielt dafür Berichterstattung im Wert von über 3,4 Millionen US-Dollar. Es kam noch besser: Gatorade gab eine Fernsehdokumentation in Auftrag. Sie wurde vom Sender Fox Sports kostenlos an 90 Millionen Haushalte in den USA ausgestrahlt. Und das Wichtigste: Der Absatz von Gatorade stieg um 63 Prozent im Vergleich zum Vorjahreszeitraum.

tinyurl.com/gatorate-replay

Nike: Write the future. Eine Fußballweltmeisterschaft ist nicht nur die ultimative Herausforderung für die Teams, sondern auch für ihre Ausrüster. Bei der Leitidee »Write the future« hat man einen furiosen Film im Kopf. Aber die Kampagne hatte viel mehr zu bieten als nur einen Spot.
Die Maßnahmen von W+K starteten bereits ein Jahr vor der WM. Erklärte Strategie war es, auf Social Media zu setzen. Im ersten Schritt sprach Nike auf Facebook Fußballenthusiasten an, mit regelmäßigen Posts über Produktinnovationen und Topspieler. Und mit Online-Tools, die den Hobbykickern halfen, noch besser zu werden. Auf diese Weise schnellte die Zahl der Facebookfans in die Höhe: von 0 auf 1,5 Millionen.
Als Belohnung dafür, Nike-Fan geworden zu sein, gab es immer wieder Previews. Den neuen Werbespot mit den Stars sahen die Fans zuerst. Sie erhielten ein virtuelles Ticket für die Filmpremiere auf Facebook, die zwei Tage vor dem Start im Fernsehen stattfand. Die Fans konnten das Video mit ihren Freunden teilen. So verbreitete sich der Film noch vor der TV-Premiere wie ein Lauffeuer im Netz. Die Maßnahmen auf Facebook, Xbox und YouTube führten dazu, dass der Film zum Viralhit wurde (40 Millionen Klicks auf YouTube, 2,1 Milliarden Impressions auf Facebook). Kein anderes Video hatte sich je im Internet so rasant verbreitet. Im Champions-League-Finale feierte der Film schließlich seine TV-Premiere und wurde zeitgleich in 32 Ländern ausgestrahlt.

tinyurl.com/nike-the-future

Im nächsten Schritt wurden die Nike-Fans eingeladen: »Write the future.« Über Facebook und Twitter konnten sie gigantisch große Headlines an einen Wolkenkratzer in Johannesburg schreiben, auf dem Topspieler wie Ronaldo zu sehen waren.

Über Facebook Connect konnten Nachwuchsspieler ihr Gesicht einlesen lassen und sahen daraufhin in einem Video, wie sie Karriere machten und von den Medien bejubelt wurden. Nike dachte auch an die Kicker mit Profiambitionen und entwickelte *The Chance*, ein Recruitment-Programm, bei dem sich Spieler über ihr Facebook-Profil bei Talent-Scouts vorstellen konnten.

Die Social-Media-Maßnahmen wurden unterstützt von Plakaten, Anzeigen und Point-of-Sale-Aktionen. Sie verfolgten das Ziel, Fans zu aktivieren, selbst ein Teil der Kampagne zu werden.

Das Ergebnis: Der Absatz der Nike-Produkte stieg um 7 Prozent, die Anzahl der Facebook-Fans auf 12,5 Millionen. Die Kampagne gewann in Cannes in der Kategorie Integrated Gold.

KAPITEL 4
WAS KAMPAGNEN ZWINGEND MACHT

Die meisten Ideen, die sich ein Kreativer ausdenkt, landen im Papierkorb. Das ist weder schön noch effizient. Woran liegt's? Zum einen liegt es daran, dass sich Briefings in der Praxis gerne mal mitten im Prozess ändern. Zum anderen daran, dass eine »gute« Idee oft das einzige Kriterium für Kreative ist. Es gibt viele Ideen, die man machen kann. Aber besser sind Ideen, die man machen muss. Das sind Ideen, die sich aus der DNA der Marke ableiten.

Ideen, die aus der DNA der Marke kommen

Gib dem Kunden nicht eine Lösung, sondern seine Lösung. Es geht darum, eine maßgeschneiderte Idee zu finden. Eine Idee, die den Namen, das Design, die Historie, das Wesen bzw. Prinzip des Produkts oder die Philosophie des Kunden aufgreift (das meine ich mit DNA der Marke).
Vergleichen kann man das mit der Suche nach einem Anzug: Ein Anzug von der Stange kann durchaus ordentlich sitzen. Aber ein maßgeschneiderter Anzug sitzt perfekt. Er ist dem Anzug von der Stange überlegen. Mit deen und Konzepten ist es genauso. Ein kompetenter Marketingentscheider wird immer die Idee auswählen, die am besten zu seiner Marke passt.

Ideen, die einzigartig für eine Marke sind

Wir wollen uns zunächst die Ideen ansehen, die nur zu einer ganz bestimmten Marke passen.

Autan: Au!Tan. Diesen Funkspot fand ich in meinem Kopf – aber leider nicht im Internet. Die Idee ist bestechend einfach: Jemand ruft laut und schmerzhaft: »Au!«. Eine andere Stimme ergänzt zum Markennamen: »Tan«. Problem und Lösung vereint im Namen – einfach brillant.

Heineken: Five. Jemand hat das Wort »Heineken« mit der Hand auf ein Plakat geschrieben. Das »H« ist um einige Striche ergänzt – so wie man auf einem Bierdeckel die Anzahl der Biere vermerkt. Fertig. Auf diese Weise wird dramatisiert, dass das Bier so lecker ist, dass man gern ein bisschen mehr davon trinkt. Agentur: Aimaq Rapp Stolle.

frank: refreshingly frank. Fructor ist ein Getränkehersteller, unter anderem Marktführer im Bereich Energy Drinks in Australien und Neuseeland. Und »frank« ist eine Softdrinkmarke von Fructor. Das englische Wort »frank« bedeutet so viel wie »offen und ehrlich«. Die Idee greift das auf.
In einem TV-Spot von Colenso BBDO, Auckland, läuft ein Mann um die 40 bestens gelaunt mit einer hübschen Frau Anfang 20 am Strand entlang. Er hält ihre Hand, während sie einen Schluck aus einer Flasche frank nimmt und sich dann verliebt an ihn kuschelt. Ein Sprecher stellt trocken fest: »Nothing beats a perfect sunset and an icecold ginger and lime. Except nailing a woman half your age.« Der Packshot (so nennt man die Abbildung des Produkts, also hier eine Flasche frank) knallt ins Bild. Texteinblendung: »Refreshingly frank.« Erfrischend ehrlich.

Der Spot wurde mit einem bronzenen Cannes-Löwen ausgeze chnet. Das Konzept ist maßgeschneidert für frank. Coca-Cola könnte nicht damit werben.

tinyurl.com/frank-refreshingly

Rom: The American Rom. Diese Geschichte (man sagt *Case*) stammt von McCann Erickson, Bukarest, und hat in Cannes eine Reihe von Preisen gewonnen: Grand Prix bei Promo & Activation, Grand Prix bei Direct und Gold bei Titanium & Integrated. Habe ich deine Aufmerksamkeit etwas steigern können? »Rom« steht für »Rumänien« und ist ein Schokoriegel mit langer Tradition. Seit 1964 ist die rumänische Flagge auf der Verpackung zu sehen. Das Problem: Die Rumänen waren unzufrieden mit ihrem Land und alles andere als stolz auf die politischen, sozialen und wirtschaftlichen Verhältnisse. Die Strategie: Eine Idee, die den Nationalstolz der Rumänen herausfordert Und so sah das Konzept aus: Die rumänischen Farben auf der Verpackung wurden von einem Tag auf den anderen durch eine US-Flagge ersetzt. In einer Launchkampagne stellte Rom den Rumänen das neue, amerikanische Rom vor. Claim: »The Taste of Coolness.« Ein vor Selbstbewusstsein strotzender Amerikaner erklärte den Rumänen in einem TV-Spot, dass Rom nun amerikanisch sei und die US-Sterne trage. »So Romanians can shine on, too.« Ein Tiefschlag für das nationale Ego.

Die Konsumenten reagierten empört und verbittert: »Wir brauchen keine amerikanische Flagge auf einem rumänischen Produkt, um es besser zu machen!« Oder: »Ich bin echt frustriert. Das ist schließlich unser Nationalsymbol.« Plakate und Anzeigen gossen Öl ins Feuer. Auf den Motiven wurde Rom mit der US-Flagge abgebildet. Headlines: »Patriotism won't feed you. Try the new Rom.« Oder: »The American Dream now in the Romanian Chocolate. Try the new Rom.« Und: »Let's build America here. Try the new Rom.«

Die Motive verwiesen auf eine Website. Hier konnten die Menschen Kommentare schreiben und so ihrem Ärger Luft verschaffen. Blogs griffen das Thema auf, Facebook-Gruppen wurden gegründet, YouTube-Videos veröffentlicht. Die Kampagne kam ins Rollen.
Immer mehr Rumänen forderten, wieder die rumänische Flagge auf den Schokoriegel zu drucken. Die scheinbare amerikanische Übernahme wurde von allen Seiten heftig attackiert. Nach einer Woche kam die Erlösung bzw. Auflösung: Es war nur ein Scherz. Rom bleibt Rom. Mit rumänischer Flagge. Das Ergebnis: Rom konnte seinen Umsatz um satte 79 Prozent steigern. Und war nun populärer denn je.

VW: Double Checked. In einer Nahaufnahme sieht man eine Checkliste. Eine Hand hakt einzelne Punkte darauf ab. Ein Sprecher sagt aus dem Off: »All car makers have some sort of quality control. All car makers check what they do. But there is one car maker that takes this so seriously that it developed the most rigorous quality control system in the world. Everything gets thoroughly checked. And then double-checked.«
Die Kamera springt wieder zum Anfang der Liste. Die Hand mit dem Stift kommt erneut ins Bild und fügt zu jedem Haken einen zweiten Haken hinzu.

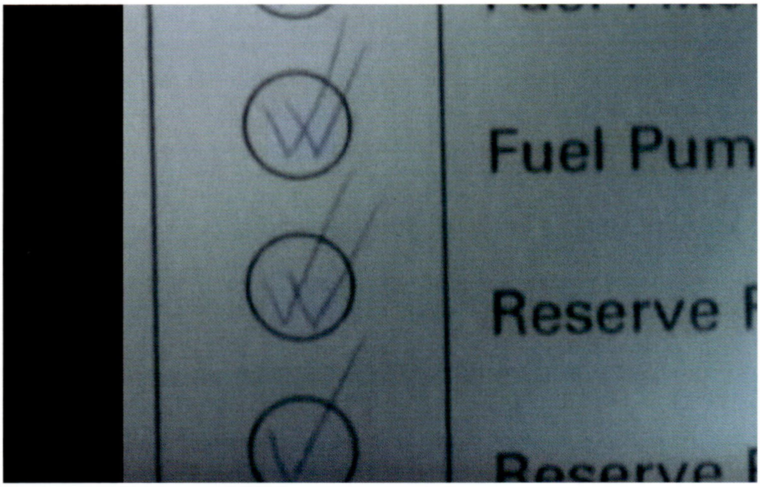

tinyurl.com/vw-double-checked

Beide Haken überschneiden sich an einer Stelle und erinnert so an das Volkswagen-Logo. Das VW-Logo wird eingeblendet. »Volkswagen. You know it. You trust it.«
Der Cannes-Winner stammt von der brasilianischen Agentur AlmapBBDO und ist ein gutes Beispiel dafür, wie man sich inhaltlich vom Wettbewerb abgrenzt und eine maßgeschneiderte Kommunikation entwickelt. Diese Idee ist zwingend für VW. Kein anderer kann sie bringen.

GE: Das GE in GErmany. General Electric hat ein Logo, in dessen Zentrum die Buchstaben »GE« stehen. Die Kampagne von Jung von Matt greift diese Buchstaben auf. In einer Anzeige sieht man zum Beispiel ein Baby. Überschrift: »Wir sind das GE in GEburt.« In einer anderen Anzeige sieht man ein Flugzeug. »Wir sind das GE in GEstartet.« Abbinder: »Wir sind das GE in GErmany.« Die Werbung greift also Begriffe auf, in denen das Kürzel »GE« steckt. Eine clevere Beobachtung, die so nur GE nutzen kann, sonst keiner.

Thomson: Bear. Der TUI-Claim »Discover your smile« wurde von der Agentur Aimaq von Lobenstein entwickelt. Er passt perfekt zum TUI-Logo, das an einen lächelnden Mund mit einem Auge erinnert. In England steht die Marke »Thomson« neben dem Logo.

Die Kampagne, um die es hier geht, stammt von der britischen Agentur Beattie McGuinness Bungay (BMB). BMB hatte die Idee, das Logo auf eine ganz besondere Weise aufzugreifen: mit Miles, einem einäugigen Teddy.
Der Alltag des Bären im verregneten England ist trist und langweilig. Seine Mundwinkel hängen traurig nach unten. Doch dann geht's ab nach Jamaica in den Thomson-Urlaub. Miles hat mit seiner Familie eine tolle Zeit. Das sieht man auch an seinem Mund: Er lächelt jetzt. Am Ende gibt es eine Überblendung vom Gesicht des Bären zum TUI- bzw. Thomson-Logo. Hier merkt man, wie perfekt diese beiden Elemente zusammenpassen.

tinyurl.com/thomson-bear

Und es gibt noch ein weiteres Highlight: Der Sprecher zitiert den Anfangstext des Queen-Songs »Bohemian Rhapsody«, der auch als Musik genutzt wird. Wir sehen Miles im grauen Alltag zuhause. Sprecher: »Is this the real life? Is this just fantasy? Caught in a landslide. No escape from reality. Open your eyes. Look up to the skies and see.« Jetzt sehen wir Miles im Urlaub. Sprecher: »I'm just a poor boy, I need no sympathy. Because I'm easy come, easy go, a little high, little low. Anyway the wind blows, doesn't really matter to me, to me.« Logo und Claim: »Thomson. Discover your smile.«
Diese Lösung hat zahlreiche Vorteile. Zum einen ist sie maßgeschneidert für die Marke und erweckt »Discover your smile« zum Leben. Ein Film erzählt, wie Miles sein Lächeln dank Thomson wiederentdeckt. Aber nicht platt am Beispiel einer glücklichen Familie, die den Urlaub genießt. Sondern anhand eines Teddys mit nur einem Auge. Das ist hochemotional. Und erlaubt es trotzdem, eine

glückliche Familie im Traumurlaub zu zeigen, ohne dass es so zuckersüß wird, dass man umschalten muss. Musik ist die andere Hälfte des Films. Mit Queens Bohemian Rhapsody hat man sich für eine sehr gute zweite Hälfte entschieden.

Fcuk. Trevor Beattie, damals Kreativdirektor bei TBWA London und heute das erste »B« in BMB, sah ein Fax der Modekette French Connection UK. Ganz oben stand die Abkürzung: FCUK. Sofort erkannte er die kommunikative Kraft, die in dieser Abkürzung steckt. Der Kreative redesignte das Logo und stellte es in den Mittelpunkt der Kommunikation. Kurz darauf erschien ein großes Feature darüber in der Daily Mail. Der Autor erklärte darin: »Warum ich diese Kleidung nie wieder kaufen werde.« Der Effekt: Die Marke verlor ihr verstaubtes Image und wurde cool.
Fcuk verkaufte eine halbe Million T-Shirts mit dem Aufdruck *Fcuk Fashion* für jeweils 20 Pfund.

KitKat: Break. KitKat ist ein Schokoriegel, der mit dem Claim »Have a break, have a KitKat« positioniert ist. Zum Wesen des Produkts gehört es, dass man die zwei Schokoladenstreifen auseinanderbricht, wenn man sie vernaschen will. Dieses Prinzip hat die Agentur JWT, Mexiko, aufgegriffen.
In einer Anzeige sieht man ein Mobiltelefon, das in der Mitte auseinanderbricht. Ein anderes Motiv zeigt Geschäftsleute an einem langen Konferenztisch, der an

einen KitKat-Schokoladenstreifen erinnert. Der Konferenztisch wird wie das Produkt auseinandergebrochen. Die Aussage ist klar: Gönn dir eine Pause. Mit KitKat. Die Motive wurden in Cannes mit Gold ausgezeichnet.

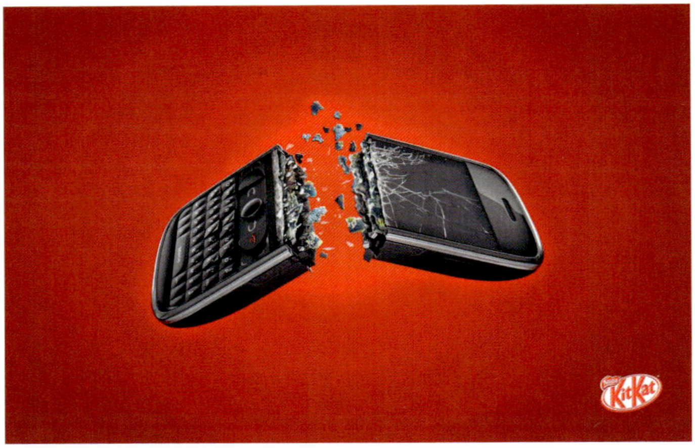

Ideen, die sich aus dem Produkt heraus ableiten lassen, aber nicht einzigartig für die Marke sind

Bis jetzt haben wir uns Beispiele für Ideen angesehen, die nur eine ganz bestimmte Marke bringen kann. Jetzt schauen wir uns zwei Ideen an, die zwar aus dem Produkt heraus entstehen, aber auch von einer anderen Marke hätten umgesetzt werden können.

Coca-Cola Light: 90-60-90. Eine leere Coca-Cola-Light-Dose ist in der Mitte zusammengedrückt. Daneben steht: *90-60-90*. Fertig. So einfach kann gute Werbung sein. Die Idee von Springer & Jacoby stellt das Produkt in den Mittelpunkt. Aber: Pepsi Light hätte die Idee ebenfalls umsetzen können. Die Idee ist gut. Aber nicht einzigartig für Coca-Cola.

Mercedes-Benz: Sprinter applies for a job. Der Sprinter von Mercedes-Benz ist nicht einfach ein Transporter – er ist ein echter Mitarbeiter. Doch wo keine Bewerbung, da kein Job, dachte sich die Agentur Lukas, Lindemann, Rosinski und brachte dem Sprinter bei, selbst eine Bewerbung zu schreiben: Ein verdreckter Reifen des Sprinters wurde so präpariert, dass er – ähnlich wie ein Stempel – Buchstaben auf ein Blatt Papier presst, wenn der Transporter darüberrollt. Eine innovative Idee, die aus dem Produkt heraus entsteht, aber auch zu einer anderen Marke gepasst hätte.

tinyurl.com/mercedes-sprinter-job

Dinge verwenden, die schon vorhanden sind

Es wirkt elegant, wenn man Elemente aufgreift, die bereits vorhanden sind, und daraus eine Idee entwickelt. Oft überlegt man, welche Bildelemente man am Computer so verändern kann, dass man mit ihnen Worte oder ein Bild darstellen kann.

WWF: Steppe. Wir sehen einen vertrockneten Steppenboden. Risse im Boden bilden die Umrisse eines Papageis. Headline: »Tropical trees never die alone.« Logo: WWF.
Die Agentur Ogilvy & Mather in Frankfurt nutzt also die Risse im ausgetrockneten Boden, um mit ihnen eine zweite Ebene zu schaffen. Das lässt sich sauber herleiten, denn die Risse sind ja eh da. Das Motiv ist nicht willkürlich zusammengebastelt worden, sondern kann konzeptionell begründet werden. Darum geht es.

Sparkasse: Kalender der Träume. Dieser Kalender wurde als Mailing an bestehende Kunden verschickt, um die Anlageberatung der Sparkasse zu bewerben. Die Überlegung von Jung von Matt/Alster war, das Prinzip einer Geldanlage deutlich zu machen. Verband man die 30 bzw. 31 Punkte auf dem Kalenderblatt, ergaben sie schöne Träume. Zum Beispiel ein Cabrio, ein Pferd, ein Klavier, ein Flugzeug oder ein Segelboot. Die Botschaft stand auf dem beiliegenden Stift: »Jeden Tag ein Stück näher am Traum. Die Anlageberatung der Sparkasse.« Die Arbeit gewann Silber in Cannes.

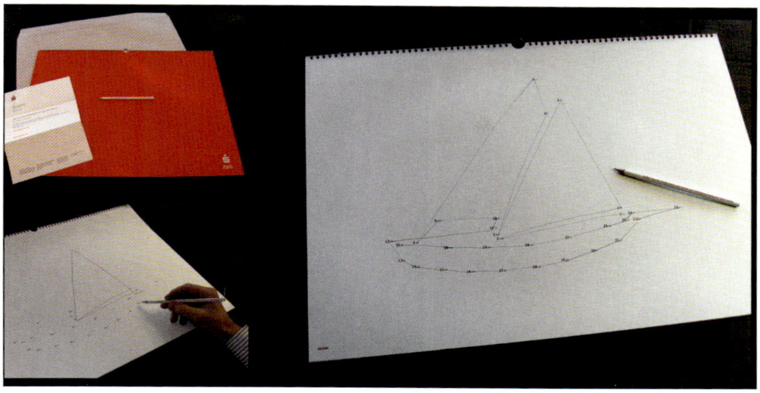

Sony Music: Halbmast. Visual: Die Fahne einer Musiknote steht auf Halbmast. Text darunter: »Johnny Cash, 1932–2003.« Logo: Sony Music. Agentur: Aimaq Rapp Stolle, heute Aimaq von Lobenstein.

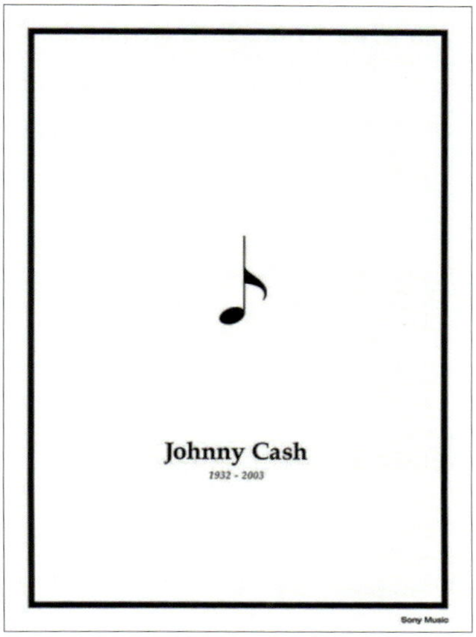

IWC: Fisch. Das Metallarmband einer IWC-Uhr ist von der Seite abgebildet und so arrangiert, dass es an die Umrisse eines Fischs erinnert. Text: »Waterresistant to 2000 m. The Aquatimer Automatic 2000.« Agentur: Jung von Matt.

Das Fazit daraus: Über Zielgruppen und Insights kann man geteilter Meinung sein. Über den Namen, das Design, das Prinzip und die Historie eines Produkts nicht. Je näher eine Idee an der DNA der Marke ist, desto zwingender erscheint sie. Daher ist es sinnvoll, bei jedem Briefing erst einmal zu überlegen, ob sich aus der DNA der Marke eine Lösung ableiten lässt.
Wenn dir nichts dazu einfällt, überlege, ob sich aus wesentlichen Elementen dieser Welt eine Idee entwickeln lässt.

Insight-getriebene Kampagnen

Wir haben uns zuletzt mit Ideen beschäftigt, die sich aus der DNA der Marke ableiten lassen. Jetzt wollen wir uns Konzepte ansehen, die auf den Gedanken der Zielgruppe basieren. Es geht darum, zu verstehen, welche Bedürfnisse die Zielgruppe hat, was sie motiviert, antreibt und bewegt. Diese Insights werden

dann oft in der Werbung dargestellt. Der Konsument soll denken: »Aha, die verstehen mich, ich denke ja ganz ähnlich.«
Leider ist das Ergebnis solcher Kampagnen oft langweilig. Man sieht Schauspieler, die das »echte Leben« spielen und Insights aufsagen. Darüber wird eine locker-leichte Musik gelegt – fertig. Die Gefahr dabei ist auch, dass die Zielgruppe den Eindruck bekommt, man wolle sich bei ihr anbiedern. Nach dem Motto: Schau mal, wir sind genauso drauf wie du.
Aber: Wenn die Aussagen wirklich interessant sind, kann auch die Werbung interessant sein.

HypoVereinsbank: Leben Sie. Die HypoVereinsbank-Kampagne der Amsterdamer Agentur Wieden + Kennedy gehört zu den Highlights der deutschen Werbegeschichte. Sie wurde vom ADC mit Gold ausgezeichnet.
Die Legende geht so: Die HypoVereinsbank hatte einige Agenturen zum Pitch geladen. Während die Werber nun lang und breit erklärten, was zu tun sei, hatte W + K vor allem eines im Gepäck: die Wahrheit.
Die Leute, so W + K, hätten einfach keine Lust, sich mit Banken, Finanzfragen und Geld zu beschäftigen. Das würde die Menschen überhaupt nicht interessieren und sie nur belasten. Die Lösung, die sich die Kreativen ausgedacht hatten, war ein Versprechen. Claim: »Leben Sie. Wir kümmern uns um die Details. HypoVereinsbank.«
Die Kampagne startete als Drei-Minuten-Spot auf mehreren deutschen Fernsehkanälen gleichzeitig. Zu Bildern, die sich authentisch und echt anfühlen, spricht ein Konsument seine Gedanken:
»Geld. Warum haben wir's erfunden? Um uns das Leben einfacher zu machen, oder? Münzen tragen sich nun mal leichter als Ziegen oder Hühner. Das Geld tauschten wir für Dinge, die wir brauchten. Essen, Brennholz, Ehefrauen und so weiter. Wir prägten mehr und mehr Münzen – bis wir an einen Punkt kamen, wo unsere Geldbeutel zu platzen drohten und wir nachts nicht schlafen konnten – wegen all des Geldes, das wir unter unsere Matratzen gestopft hatten.
Also erfanden wir die Bank. Einen sicheren Ort, an dem man auf unser Geld aufpasste, bis wir es brauchten. Jetzt frag ich mich: Wann genau in den letzten 5 oder 6000 Jahren, seit es Geld gibt, ist es so verdammt kompliziert geworden? Denn das ist es. Glauben Sie mir, es ist ein echter Krampf mit dem Geld. Die eine Hälfte unseres Lebens verbringen wir mit Verdienen. Die andere Hälfte grübeln wir, was wir damit machen sollen. Der eine, weil sein Geld nicht über den Monat reicht. Der andere, weil er sich ein größeres Haus kaufen will. Man

grübelt, ob es noch für ein Kind langt. Oder ob man es sich leisten kann, in Rente zu gehen.
Wir sitzen alle in diesem verrückten Geldkarussell. Jagen ihm nach. Werden gejagt. Sind neidisch auf das, was andere haben. Beschützen das, was wir haben. Manchmal glaube ich, wir sollten das Ganze vergessen und es noch mal mit den Hühnern und Ziegen versuchen. Und dann denke ich: Warte mal. Was ist eigentlich mit den Banken? Was tun die eigentlich, um uns zu helfen? Ich kenn ja die Werbung: Kommen Sie zu uns, und all Ihre Träume werden wahr. Irgendwie so. Das klingt gut. Doch irgendwie sieht die Realität doch anders aus, oder? Keine Bank der Welt kann mich reich machen. Nur ich kann mich reich machen. Also zeigt mir keine Bilder von Häusern und Yachten und Sportwagen. Erzählt mir lieber, wie ihr mir ein paar meiner Sorgen abnehmen könnt. Es ist 1998 und der Euro steht vor der Tür. Neue Probleme. Neue Möglichkeiten. Brauchen wir da nicht auch eine neue Art von Bank?« Logo und Claim werden eingeblendet: »HypoVereinsbank. Leben Sie. Wir kümmern uns um die Details.«

tinyurl.com/hypovereinsbank-leben-sie

Das Finanzinstitut spricht also nicht aus seiner Perspektive, es nimmt die Sicht des Konsumenten ein. So signalisiert es: Schau mal, ich verstehe dich, ich weiß, was dich bewegt, ich weiß, wie du tickst. Sind das nicht deine Gedanken? Na also, prima, passt doch. Komm mal vorbei, dann kümmere ich mich um den ganzen Kram. Und du kannst dein Leben leben.
Die Printkampagne funktionierte nach dem gleichen Prinzip. Besonders bemerkenswert ist der Look. Die Fotos sehen nicht aus wie perfekt inszenierte Hochglanzwerbung, sondern wie Schnappschüsse. Das Ganze wirkt angenehm authentisch. Kaum ein Look hat Werbedeutschland so nachhaltig beeinflusst.

- Das Motiv *Geld anlegen*: Visual: Ein Mann liegt im Garten hinter einer Glasmauer auf einer Bank. Headline: »Mein ganzes Leben lang habe ich hart gearbeitet, um Geld zu verdienen. Jetzt ist es an der Zeit, dass jemand anders hart arbeitet, um mein Geld gut anzulegen. Die Stelle ist noch frei. Interessiert?«
- Das Motiv *Börse*: Visual: Eine Frau im Kostüm sitzt in einem Garten an einem Tisch. Auf dem Tisch steht eine Vase mit einem eingepackten Blumenstrauß, der das Gesicht der Frau verdeckt. Headline: »Ich weiß einiges über die Börse. Aber ich weiß nicht, wo die fünf größten europäischen Blue-

chips gerade stehen. Ich bin Unternehmerin und nicht Kandidatin in einer Gameshow.«

- Das Motiv *Maschinen*: Visual im authentischen Schnappschuss-Look: zwei junge Frauen. Headline: »Mein Finanzwissen beschränkt sich auf Folgendes: In Banken gibt es Maschinen. Da bekomme ich Geld. Das gebe ich aus. War da sonst noch was?«

Logo und Claim: »HypoVereinsbank. Leben Sie. Wir kümmern uns um die Details.« Telefonnummer und URL: *www.hypovereinsbank.de*

ConSors: Are you ready for Transaction? Auch in diesem Beispiel spricht nicht das Unternehmen direkt, sondern es zeigt einen Anleger aus der Zielgruppe. Die Agentur Jung von Matt schreibt dazu im ADC-Buch: »Heute handelt man seine Aktien nicht mehr über die Bank, sondern übers Internet. Die Kampagne zeigt einen Anleger, der sich seine Gedanken zum Thema Selber-Traden macht. Logischerweise nicht in der gesetzten Sprache eines traditionellen Finanzdienstleistungsspots. Sondern unverschämt, direkt, schnodderig und echt. Vielleicht nicht gerade besonders nett und sympathisch, dafür aber umso glaubwürdiger.«[15]

15 ADC Buch 2000, Seite 166.

- Der Film »Mr. Superlover«: Der Trader erzählt: »War ein guter Abend, gestern. Frauen, Kohle, Schlitten. Alles, was das Herz begehrt. War das ein Abend, gestern Abend. Sagt nur dieser eine Typ zu mir: ›Aktienhandel ist aufregender als Sex‹. Sag ich: ›Hopp! Jetzt aber Stopp! Jetzt aber Schicht! Mr. Superlover, wenn das so ist, warum lässt du es dir dann von anderen machen?‹ Kam aber nix, kam gar nix.« Abspann mit Telefonnummer: »Are you ready for transaction? ConSors. Die Discount-Broker.«
- Der Film »Pfanne«: Der Trader läuft mit einer Pfanne in der Hand durch sein Luxus-Penthouse in New York und erzählt: »Das kannst' nicht. Das schaffste nicht. Das kannst' nicht. Das schaffste nicht. Das kannst' nicht. Das schaffste nicht. Schnell musste sein. Das kannst' nicht. Das schaffste nicht. Und ich bin schnell – bei Aktien. Weil ich online bin. Computer an. Zack! Gehirn an. Zack! Fertig. Und jetzt sag mir mal irgendeiner: Wozu brauch ich 'ne Bank?« Abspann mit Telefonnummer: »Are you ready for transaction? ConSors. Die Discount-Broker.« Trader: »Das kannst' nicht. Das schaffste nicht.«

tinyurl.com/consors-are-you-ready

Hornbach. Heimat buddelt für den Baumarkt Hornbach immer wieder tiefe Wahrheiten aus. Diese Wahrheiten sind Insights in das Denken und Fühlen von Hardcore-Heimwerkern. Hornbach wird in der Kommunikation als der Baumarkt für den wirklich leidenschaftlichen Hobbyhandwerker positioniert. Claim: »Es gibt immer was zu tun.« Das macht Sinn, denn Hornbach-Märkte befinden sich in der Regel außerhalb von zentralen Einkaufszentren und bieten ein Komplettangebot. Wer hier hinfährt, der hat einen Großeinkauf geplant. Wegen ein paar Schrauben fährt niemand zum Stadtrand. Hier einige Leitideen aus der Werbung für Hornbach.

- »Wie viel Wahnsinn steckt in Dir?«: Die Beobachtung: Ein Mann, der eine Wand einreißt, hat durchaus Züge des Wahnsinns an sich. Große Heimwerkerprojekte kosten Kraft. Mit Leidenschaft kann man viel ausrichten. Aber irgendwann reicht Leidenschaft nicht mehr, man muss besessen sein. Und ein bisschen wahnsinnig.
- »Du kannst es Dir vorstellen. Also kannst Du es auch bauen.«: Dieser Gedanke beschreibt die Leidenschaft und die Unerschrockenheit des Hardcore-Handwerkers, auch große Projekte anzugehen.

tinyurl.com/hornbach-wahnsinn

- »Keiner spürt es so wie Du.«: Hier geht es um den Moment, in dem der Heimwerker realisiert, dass er mit seinen eigenen Händen etwas Großartiges geschaffen hat. Die Agentur schreibt dazu auf ihrer Website: »Erklärtes Ziel von Hornbach ist es, die Bedürfnisse und Empfindungen von Heimwerkern zu kennen und auf diese einzugehen. Darum stellen die TV-Spots der Kampagne ›Keiner spürt es so wie Du.‹ das sensitive Erleben der Hornbach-Kunden in den Mittelpunkt: Fühlen, Spüren, Sehen, Erleben von Heimwerker-Momenten. Allesamt echte Gefühle und Empfindungen, die in einer sich immer schneller drehenden Welt seltener werden.«

- »Und was bleibt von Dir?«: Hast du ein Haus gebaut? Ein Badezimmer renoviert? Einen Dachstuhl ausgebaut? Oder wirst du der Nachwelt nichts Bleibendes hinterlassen?
- »Du lebst. Erinnerst Du Dich?«: In einer Welt, die immer stärker vom Digitalen geprägt wird, feiert Hornbach das Analoge. Im Zentrum der Kampagne steht das haptische Erleben.

Haltungskampagnen

Es gibt ein Video, in dem Steve Jobs die Think-different-Kampagne von TBWA/ Chiat Day vorstellt. Er sagt: »The question we asked was: Our customers want to know who is Apple and what is it that we stand for. Where do we fit in this world? What we're about isn't making boxes for people to get their jobs done – although we do that well. We do that better than almost anybody in some cases. But Apple is about something more than that. Apple at the core – it's core value – is that we believe that people with passion can change the world for the better. That's what we believe.«
Bei einer Haltungskampagne geht es also nicht um konkrete Produkte, sondern übergeordnet um eine Geisteshaltung.
Im Fall der Think-different-Kampagne bediente sich Apple einiger der größten Persönlichkeiten als Werbebotschafter, die die Welt je gesehen hat. Der Film zeigte Schwarz-Weiß-Aufnahmen von Einstein, Ghandi, Martin Luther King, Picasso, John Lennon, Thomas Edison, Jim Henson, Alfred Hitchcock und weiteren.
Richard Dreyfuss sagt über die Bilder: »Here's to the crazy ones. The misfits. The rebels. The troublemakers. The round pegs in the square holes. The ones who see things differently. They're not fond of rules. And they have no respect for the status quo. You can quote them, disagree with them, glorify or vilify them. But the only thing you can't do is ignore them. Because they change things. They push the human race forward. And while some may see them as the crazy ones, we see genius. Because the people who are crazy enough to think they can change the world, are the ones who do.« Apple. Think different.

Der Slogan »Think different« greift übrigens den damaligen Slogan von IBM auf: »Think.« Er bedeutet nicht »denke anders«, sondern »denke das Andere«. Im Think-different-Film wird kein einziges Produkt gezeigt. Jobs wollte, dass es allein um die Haltung von Apple geht.

Auch bei einer Haltung muss man überlegen, wie sie bei der Zielgruppe ankommt. Sonst kann das Unternehmen nicht erfolgreich sein.

In der Praxis haben es reine Haltungskampagnen schwer. Steve Jobs hat sich persönlich für die Think-different-Kampagne eingesetzt. Es war seine Idee, große Persönlichkeiten abzubilden. Die Agentur hatte ursprünglich vorgeschlagen, Dreamworks-Mitarbeiter an ihren Computern zu zeigen.

Steve Jobs war eine große Ausnahme. Als Werbeagentur hat man es nur noch sehr selten mit einem CEO zu tun. Man spricht mit Gremien und Abteilungen. Innerhalb dieser Abteilungen gibt es oft verschiedene Ansichten darüber, was das Richtige ist. Das macht es nicht einfacher.

tinyurl.com/Haltung-think-different

KAPITEL 5
EXZELLENTE KAMPAGNEN-IDEEN FINDEN

Wir haben inzwischen schon einige Kampagnen kennengelernt. Doch wann spricht man nun von einer exzellenten Kampagne?
Werbung ist dann hervorragend, wenn sie verkauft. Leider weiß man das erst hinterher.
Awards sind Indizien für die Qualität einer Idee. Der Art Directors Club für Deutschland (ADC), der jedes Jahr die wichtigste Kreativauszeichnung des Landes vergibt, hat folgende Bewertungskriterien für exzellente Ideen aufgestellt:

Die fünf ADC-Jury-Regeln

- **Originalität** – ist die Arbeit neu und originär? Durchbricht sie Normen?
- **Klarheit** – ist die Arbeit leicht erfassbar? Werden die Inhalte sofort begriffen?
- **Überzeugungskraft** – werden die Argumente für das Produkt glaubwürdig wiedergegeben?
- **Machart** – ist die Arbeit handwerklich überzeugend? Stimmen alle Einzelheiten und ergeben sie ein homogenes Ganzes?
- **Freude** – macht es Spaß, die Arbeit zu sehen, zu hören oder anzufassen?

Für den Hausgebrauch hier ein etwas kürzeres Kriterium: **Gut ist, was einen emotional berührt, was einen packt, was einen nicht kaltlässt.**

Die ADC-Jury vergibt folgende Prämierungen:
- Auszeichnung – für eine Arbeit, die den ADC-Kriterien entspricht.
- Bronze – für eine außerordentlich kreative Arbeit in ihrer jeweiligen Kategorie.
- Silber – für eine Arbeit, die in ihrer Kategorie Maßstäbe setzt.
- Gold – für eine Arbeit, die besonders herausragend ist und ihre jeweilige Kategorie neu definiert.
- Grand Prix – für eine bahnbrechende Arbeit, die eine kategorieübergreifende Innovation aus dem Kreis aller Goldnägel ist oder aus dem Kreis der zehn erfolgreichsten Projekte aus dem Wettbewerb.

Bei der legendären Hamburger Agentur Springer & Jacoby (S&J) gab es drei Kriterien für Ideen: die drei »E«. Eine Idee muss demnach
- **einfach,**
- **exakt** und
- **einfallsreich** sein.

An der Gültigkeit dieser Regel hat sich bis heute nichts geändert.
Auf die Frage der w&v, wonach er in Cannes Ausschau halten werde, antwortete der damalige Jury-Präsident Piyush Pandey, Kreativchef von Ogilvy India: »Wie alle anderen Jury-Präsidenten zuvor werde ich nach frischen Ideen suchen. Sie müssen die tradierten Wege, Kommunikation zu betrachten, in Frage stellen. Man schenkt vielen anderen Kampagnen wenig Beachtung, sobald man auf eine außergewöhnliche Arbeit stößt. Sie trifft einen wie ein Schlag ins Gesicht.«[16]
Drei Jahre zuvor hatte die w&v Bob Isherwood befragt, den damaligen Cannes-Jury-Chef bei Film sowie Press & Poster und Kreativchef von Saatchi & Saatchi.
w&v: »›Eine Idee‹, das klingt sehr abstrakt. Wie lässt sich das eingrenzen, wonach Sie suchen?« Bob Isherwood: »Ein Original, das man so noch nicht

16 Wie ein Schlag ins Gesicht. In: w&v, Nr. 25/2004, Seite 29.

gesehen hat. Es ist simpel und stellt doch eine Verbindung zu den Menschen her – sonst kann man sie nicht erreichen. Es muss relevant sein, denn alle Kriterien sind wertlos, wenn man die Botschaft nicht rüberbringt. Und schließlich muss das handwerkliche Können stimmen: das Script, die Art Direction, eine perfekte Produktion.«[17]

Zitate bekannter Werbeikonen zum Thema

»Was sind Ihre Kriterien für gelungene Werbung?« »Wenn ich etwas sehe, das mich packt. Und ich will die Person hinter dem Produkt spüren, keine Bürokratie.«[18] – Dan Wieden, Wieden + Kennedy

»Kreativ sein heißt, etwas Neues hervorzubringen, eine Sache neu zu erfinden. Unser Kriterium ist: Eine Kampagne muss so viel Kraft haben und eine derart starke Wirkung auf die Menschen, dass man die Schaltfrequenz in den Medien auf ein Minimum beschränken kann. Die meisten Spots und Anzeigen werden viel zu häufig gezeigt. Inmitten anderer Werbung, die ebenfalls viel zu häufig gezeigt wird. Das Ergebnis ist, dass nichts herausragt.«[19] – Chuck Porter, Crispin Porter + Bogusky

Menschen lieben Überraschungen

Altbekannte Dinge sind langweilig. Menschen lieben es, mit etwas Neuem überrascht zu werden. Ihre Aufmerksamkeit ist dann deutlich höher. Thriller und Krimis machen sich die Lust an der Überraschung oft zunutze. Sie führen das Publikum erst einmal auf eine falsche Fährte – und überraschen es dann mit einer unerwarteten Wendung. Es gibt sogar ein Produkt, das seinen Erfolg zu einem guten Teil dem Überraschungseffekt verdankt: das Überraschungsei. Das Gegenteil von einer Überraschung ist ein Klischee. Vermeide alles, was man schon oft in der Werbung gesehen hat. Zum Beispiel die Mona Lisa in Anzeigen. Oder Hochzeiten in Funkspots. Wenn du so etwas verwendest, musst du das bekannte Bild brechen, um deinem Publikum doch noch etwas Neues bieten zu können.

17 Die Löwenjagd ist eröffnet. In: w&v, Nr. 24/2001, Seite 26.

18 Kunsemüller, Roger: Wir neigen dazu, bereits existierende Ideen immer wieder aufzugreifen und zu belohnen. In: w&v, Nr. 24/2003, Seite 29.

19 Groeneveld, Benno: Die Idee ist der Boss. In: w&v, Nr. 46/2005, Seite 41.

Head and Shoulders. So hat zum Beispiel die Agentur Del Campo Saatchi Saatchi Argentinien ein Poster entworfen, das die Mona Lisa aus einer überraschenden Perspektive zeigt: von schräg oben. Auflösung: »The Head & Shoulders Point of View.«

Canal+: Great Story. Ein weiteres Beispiel: der Film »Great Story« von BETC Euro RSCG für den französischen Fernsehsender Canal+.
Wir befinden uns in einem Wald. Ein junger Mann flieht vor schwer bewaffneten Männern. Er versteckt sich auf einem Baum. Dummerweise wird ausgerechnet dieser Baum von einem Holzfäller mit der Motorsäge gefällt. Dem Mann wird schwarz vor Augen. Er kommt wieder zu sich – mit dem Baumstamm auf einem Fluss treibend. Gewehrsalven schlagen vor ihm ein. Seine Verfolger haben ihn aufgespürt. Ein Wasserfall rettet ihn. Er stürzt in die Tiefe und verliert erneut das Bewusstsein. Der junge Mann erwacht in einer Fabrik, wo Baumstämme zu Kleiderschränken verarbeitet werden. Prompt wird er in einem gerade zusammengebauten Schrank eingesperrt. Schnitt. Der junge Mann steht im Schrank aus der Fabrik. Aber jetzt im Schlafzimmer eines Ehepaars. Der Ehemann steht vor ihm, seine Frau liegt im Bett. Offenbar hat der junge Mann gerade erklärt, wie er in den Schrank kommt. Der Ehemann nickt verständnisvoll. »Das ist ja unglaublich. Hast du das gehört, Schatz?«, fragt er seine Frau. »Ja, das ist wirklich erstaunlich«, sagt sie unschuldig. Texteinblendung über den jungen

Mann: »Lucas G., Drehbuchautor für Canal+.« Textchart: »Unterschätze nie die Kraft einer großartigen Geschichte.« Logo: Canal+.

tinyurl.com/canal-plus-story

Der Film greift eine Situation auf, die man schon unzählige Male in Filmen und Werbespots gesehen hat: Der Ehemann findet den Liebhaber der Frau im Schrank. Das ist ein Klischee. Aber: Die Vorgeschichte bzw. der kreative Dreh ist neu, spannend und unterhaltsam. So etwas geht. Klischees dagegen solltest du vermeiden.

Wie man eine exzellente Idee erkennt

Ideen gibt es viele. Woran erkennt man, ob eine Idee richtig gut ist? Hierfür gibt es einige Tests, die bei der Analyse helfen können.

Der »Das muss ich sofort erzählen«-Test

Einen ersten Hinweis liefert dir ein bestimmtes Gefühl: Wenn du den Wunsch verspürst, die Idee sofort jemandem erzählen zu müssen, dann ist das schon mal ein gutes Zeichen. Stell dir vor, du würdest die Idee deinen Kollegen, Freunden, deinem Partner oder deinen Eltern erzählen. Wären sie begeistert? Würden sie dich für deinen Einfallsreichtum loben?

Ähnlich formulierte es Sir John Hegarty: »I read a brilliant interview with JK Rowling. She was asked, ›What age of child did you write Harry Potter for?‹ She said: ›I didn't, I did it for me.‹ If you don't think what you're doing is great, then you should change it.«[20]

Der Unternehmertest

Stelle dir vor, das Unternehmen, für das du eine Idee suchst, wäre dein eigenes Unternehmen. Diese Vorstellung verändert alles. Plötzlich betrifft dich das Problem ganz persönlich. Auf einmal überlegst du doppelt und dreifach, ob du dein Budget für so eine Lösung ausgeben willst. Ja, vielleicht kann das Konzept funktionieren. Doch das reicht dir nicht mehr. Du willst Sicherheit. Du

20 Maxwell, Chris: My business life. In: *www.director.co.uk*, Juni 2014.

willst eine Idee, von der du felsenfest überzeugt bist. Eine Idee, die wirklich etwas bewegt. Du denkst nicht mehr als Werber, sondern als Unternehmer.

Kooperation statt Aggression

Ein Kreativer, dem eine erstklassige Idee eingefallen ist, ist zu Recht stolz darauf. Es ist verständlich, wenn der Kreative »seine« Idee für sich reklamieren will.
Es kommt vor, dass der Kreative die Arbeit an der Idee für beendet erklärt und fast schon aggressiv wird, wenn ein anderer an der Idee weiterarbeitet. Nach dem Motto: Finger weg, das ist meine Idee! So ein Verhalten ist verständlich.
Schließlich ist es hart, auf eine exzellente Idee zu kommen. Sinnvoller ist es aber, wenn man Größe zeigt und genau das Gegenteil macht. Wenn man Kollegen einlädt, die Idee weiterzuentwickeln und zu verbessern. Denn so kann die Idee wirklich besser werden. Und das bringt dann alle weiter.

Das Geheimnis exzellenter Ideen

Wenn man als Anfänger ehrfürchtig durch die ADC-Ausstellung geht und sich die Gewinnerarbeiten ansieht, entsteht zwangsläufig der Wunsch, selbst etwas zu reißen. Wie macht man das?
Zunächst ist es hilfreich, sich einen Creative Director zu suchen, der schon den einen oder anderen wichtigen Award gewonnen hat. Einen CD, der Erfahrung darin hat, exzellente Ideen zu erkennen und erstklassig umzusetzen. Denn als Junior-Kreativer hat man dieses Fingerspitzengefühl noch nicht. Bücher wie dieses sind ebenfalls hilfreich, können aber keinen CD ersetzen. Denn im nächsten Schritt geht es darum, den CD so lange mit Ideen zu bombardieren, bis er eines Tages begeistert aufspringt und aufgeregt etwas von Cannes, Clio und ADC faselt.
Nun zum Geheimnis, wie solche Ideen entstehen. Leider ist es nicht so, dass du das Briefing bei Vollmond zusammen mit getrocknetem Löwenzahn, einer Hasenpfote und drei Gänseblümchen unter dein Kopfkissen legen sollst, um dann am nächsten Morgen beim Aufstehen einen Geistesblitz zu haben.
In Wirklichkeit sind erstklassige Ergebnisse harte Arbeit. Kurz gesagt: Setz dich so lange auf deinen Hosenboden, bis dir eine exzellente Lösung eingefallen ist.

»Kreativität ist nichts Magisches, es gibt weder einen besonderen Trick noch eine Methode dafür.«[21]

Chuck Porter, Crispin Porter+Bogusky

Schock verdaut? Keine Sorge, dieses Buch hilft dir ein gutes Stück weiter. Mit Hinweisen und Regeln, die leider einen Nachteil haben: Sie schränken ein. Sie sperren deine Kreativität in einen Raum. Dabei ist doch das Großartige an Kreativität, dass sie keine Grenzen hat.

Im Wesentlichen gibt es deshalb neben »Get noticed« nur eine weitere Regel: »Don't be boring.« Das brachte David Abbott von Abbott Mead Vickers/BBDO auf den Punkt.

Interessante Zitate zum Thema

»Das ganze Geheimnis besteht wohl einfach darin, Werbung zu machen, die die Leute gerne sehen wollen, und zwar nicht nur einmal, sondern immer wieder.« – Bob Scarpelli, ehemaliger Kreativchef von DDB

»Das beste Rezept ist immer noch, keinen Stil zu haben. Allerdings haben unsere Anzeigen stets eines gemeinsam: Sie sind sehr bildgewaltig. Vielleicht ist das unser Geheimnis.«[22] – Thomas Lorente, Gründer der brasilianischen Agentur Age und Gewinner unzähliger Cannes-Löwen

»Wähle von allen Botschaften die, welche deine Zielgruppe am stärksten bewegt, und setze diese Botschaft dann so auffällig und einzigartig um, dass an deiner Werbung niemand vorbeikommt.« – Eric Vervroegen, vielfach erfolgreicher Cannes-Löwen-Jäger

»A new advertising agency for companies that would rather outsmart the competition than outspend them.« – Fallon in der Anzeige zum Start der Agentur

»The secret of genius is to carry the spirit of childhood into maturity.« – Thomas Huxley

21 Groeneveld, Benno: Die Idee ist der Boss. In: w&v, Nr. 46/2005, Seite 40.

22 Imseng, Dominik: Der Werbeweltmeister. In: Das Magazin, Nr. 25/2006, Seite 36.

KAPITEL 6
KREATIVMECHANISMEN FÜR EXZELLENTE IDEEN

In diesem Kapitel schauen wir uns nun zehn Mechanismen an, die dir konkret helfen sollen, zu einer exzellenten Lösung zu kommen. Ein Patentrezept gibt es nicht. Werbung ist keine Mathematik, und die Aufgabe ist immer anders. Trotzdem gibt es Mechanismen, die ein Gefühl dafür vermitteln, worauf es ankommt und wie interessante Werbung funktioniert.

Die Produktdemonstration

Der einfachste Mechanismus der Werbewelt: Man zeigt, wie toll das Produkt funktioniert. Die Herausforderung ist, diese Demonstration möglichst interessant zu gestalten.

Lidl: Dill Restaurant. Als ich bei den Mediedagen in Schweden eingeladen war, um einen Vortrag zu halten, kam ich eine Stunde früher zur Veranstaltung. Vor mir sprach Caroline Forsshell, die Marketingleiterin von Lidl Schweden. Ich verstand kein einziges Wort und war schon etwas zerknirscht – da zeigte sie einen Case-Film mit englischem Off-Sprecher, der mich nachhaltig begeisterte. Lidl Schweden und die Agentur INGO wollten beweisen, dass Lidl nicht nur günstige Preise, sondern auch beste Qualität bietet. Sie eröffneten in Stock-

holm das exklusive Gourmet-Restaurant »Dill« und engagierten einen britischen Zwei-Sterne-Koch als Zugpferd. Stockholm war begeistert. Drei Wochen lang war Dill eines der angesagtesten Restaurants der Stadt. Die Tische waren sehr begehrt; bis zu 500 Personen standen auf der Warteliste. Aber Dill hatte ein Geheimnis: Alle Produkte wurden ausschließlich bei Lidl gekauft.
Als bekannt wurde, dass Dill eigentlich Lidl ist, war die Aktion sofort Talk of the Town. Und Talk of the Country. Sogar das Fernsehen berichtete. Am Ende hatte die Berichterstattung einen Mediawert von vier Millionen Euro. Und Lidl hatte bewiesen, dass seine Produkte nicht nur günstig sind, sondern auch höchste Qualitätsansprüche erfüllen.

tinyurl.com/lidl-dill

Volvo: Epic Split. Ein weiteres Fallbeispiel aus Schweden: Jean-Claude van Damme macht den Spagat seines Lebens – zwischen zwei fahrenden Volvo-LKWs. Im Film steht er mit verschränkten Armen auf den Außenspiegeln der LKWs, die sich Zentimeter für Zentimeter voneinander entfernen – bis van Damme den Epic Split zeigt. Ein Text wird eingeblendet: »The test was set up to demonstrate the stability and precision of Volvo Dynamic Steering.« Die Arbeit von Forsman & Bodenfors wurde auf allen wichtigen Festivals ausgezeichnet und sammelte auf YouTube über 86 Millionen Klicks (Stand: Oktober 2017).

tinyurl.com/volvo-epic

BMW: Mouse. Wir befinden uns im Cockpit eines geparkten BMW. Eine Maus krabbelt zu einem Walzer von Strauß über das Lenkrad und bewegt es mühelos. So mühelos, dass sie – wie in einem Mausrad – auf der Stelle krabbelt. Ein Off-Sprecher sagt: »The 318i. Now with powersteering.« Logo und Claim: »BMW. Sheer driving pleasure.« Beim Cannes Festival gab es für die Arbeit der Agentur TBWA/Hunt/Lascaris Gold.

tinyurl.com/bmw-maus

Der Film demonstriert das Produkt. Er zeigt, wie mühelos sich das Lenkrad drehen lässt. Aber nicht platt, sondern einfallsreich: Sogar eine kleine Maus kann das Lenkrad bewegen. Der Vorteil wird dramatisch, emotional und somit einprägsam dargestellt.

Absurde Alternative

Dieser Mechanismus funktioniert bei Produktwerbung fast immer. Er ist nicht so zwingend wie die anderen Lösungen, aber überaus unterhaltsam. Überlege dir eine absurde, durchgeknallte Lösung und erkläre dann: Okay, weil so eine Lösung völlig absurd ist, gibt es ja zum Glück das tolle Produkt. Fertig.

Tetra Pak: Lichtschutzkampagne. Die Agentur Philipp & Keuntje stellt den einzigen Milchmann vor, der seine Milch nachts ausliefert. Auf die Frage, warum er das mache, erklärt er: »Weil das Licht wichtige Vitamine der Frischmilch zerstört.« Das ist skurril. Noch unterhaltsamer wird es, wenn der Milchmann nachts seine Milch ausliefern will und von Hunden davongejagt wird. Off-Sprecher: »Es geht auch einfacher. Mit lichtundurchlässigen Getränkekartons von Tetra Pak.« Logo und Claim: »Tetra Pak. Schützt, was gut ist.« Einen ähnlichen Film dieser Kampagne sehen Sie hier:

tinyurl.com/tetrapak-lichtschutz

Gelbe Seiten: Gärtner. Ebenfalls von Philipp & Keuntje ist dieser Spot. Ein Mann fährt in seinem Wagen quer durch eine Gartenanlage hinter einem Gärtner her. Schließlich springt er aus dem Auto und stürzt sich auf ihn. Off-Sprecher: »Sie suchen einen Gärtner? Schauen Sie lieber in die Gelben Seiten.« Logo: Gelbe Seiten.

tinyurl.com/gelbe-seiten-gaertner

Cinemaxx: Besser, Sie sind nicht da. Illustrationen zeigen absurde Unfälle, bei denen Menschen zuhause zu Tode kommen. Auflösung: 28,4 Prozent aller Todesfälle ereignen sich zu Hause. Besser, Sie sind nicht da. Cinemaxx. Der Filmpalast. Agentur: Jung von Matt.

Problem – Lösung

Man kennt das aus Waschmittel-Werbespots. Oh Schreck: ein Fleck! Die Lösung: das Waschmittel. Erst wird ein Problem aufgeworfen, um dann die rettende Lösung präsentieren zu können: das Produkt.
Der Mechanismus ist sehr einfach und nachvollziehbar. Oft werden zwei Dinge nebeneinandergestellt, um sie zu vergleichen (*side-by-side*). »Vorher« ohne Produkt und »nachher« mit Produkteffekt.

Die Bahn: Eiskratzer. Visual: Wir befinden uns in einem Auto und sehen eine vereiste Windschutzscheibe. Eine kleine Stelle ist freigekratzt. Genau an dieser Stelle fährt ein Zug vorbei. Logo: Die Bahn.
Eine Lösung, die mit wenigen Elementen auskommt und dadurch elegant wirkt. Das Bild zeigt das Problem – und an einer kleinen Stelle auch gleichzeitig die schlauere Alternative und Lösung. Agentur: Jung von Matt.

Die Bahn: Lenkrad. Hier ein weiteres Beispiel aus der Bahnkampagne. Man sieht einen Stau aus der Fahrerperspektive. Der Fahrer hat so heftig ins Lenkrad gebissen, dass ein Stück davon fehlt. Logo: Die Bahn.

Das Motiv spielt mit dem Wissen des Betrachters, dass man nicht im Stau steht, wenn man mit der Bahn fährt. Es zeigt zum einen das Problem, den Stau – und durch das Logo auch gleichzeitig die Lösung, die Bahn. Allerdings wäre es langweilig, wenn man nur den Stau und das Logo sehen würde. Das Motiv braucht noch die dramatische, radikale Idee mit dem abgebissenen Lenkrad. Hier kommen Emotionen ins Spiel. Dem Betrachter wird vor Augen geführt, wie sehr sich der Autofahrer geärgert haben muss. Rational richtig ist das nicht. Kein Mensch kann ein Lenkrad durchbeißen. Und genau das macht das Motiv so interessant. Es dramatisiert die Wut, ist dabei irrational, überraschend und somit merkfähig.

Versteckte Kamera

Früher fand Werbung in einem klaren Rahmen statt. Es gab Werbung im Fernsehen, im Briefkasten, in der Zeitung, im Radio und auf Plakaten. Heute überrascht das Marketing die Konsumenten überall, wo es ihm passt.
Noch eine Stufe weiter geht der Mechanismus »Versteckte Kamera«. Hier werden die Menschen dabei gefilmt, wie sie auf besonders spektakuläre Inszenierungen und Geschichten reagieren. Der Reiz des echten Lebens soll wiederum

das Publikum auf YouTube ansprechen. Es ist also egal, wie viele Leute den Stunt oder die Promotion live vor Ort sehen. Darum geht es nicht. Es geht darum, eine Geschichte aus dem echten Leben zu erzählen und aufzuzeigen, wie Menschen in dieser außergewöhnlichen Situation reagiert haben. Der Film darüber soll sich im zweiten Schritt viral verbreiten, um auf eine relevante Reichweite zu kommen.

Nichts interessiert Menschen so sehr wie Menschen. Deshalb stoßen solche Filme durchaus auf Interesse, wenn die Idee gut ist und die Szenen authentisch wirken. Merkt der Zuschauer, dass alles nur mit Schauspielern inszeniert ist, verliert der Film an Reiz. Das Ganze muss nicht unbedingt echt sein – aber es muss sich echt anfühlen. Der Mechanismus war schon bei den Fernsehsendungen »Versteckte Kamera« und »Verstehen Sie Spaß?« erfolgreich – und ist es auch in der Marketingkommunikation.

TNT: Push the button. Die belgische Agentur Duval Guillaume hatte die Aufgabe, den Start des amerikanischen Fernsehsenders TNT in Belgien zu bewerben. Die Kreativen stellten einen roten Alarmknopf in einer belgischen Kleinstadt auf. Ein großer Pfeil mit der Botschaft »Push to add drama« deutete auf den Knopf. Passanten, die sich ein Herz fassten und den Knopf drückten, erlebten eine Überraschung. Plötzlich waren sie mittendrin in einer aufregenden Actionszene.

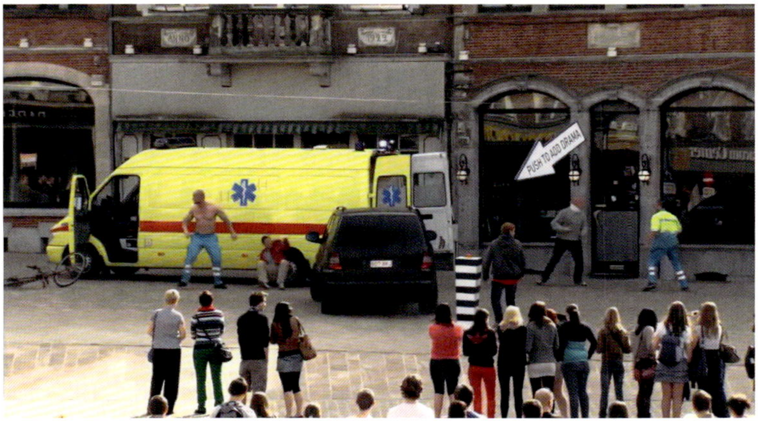

tinyurl.com/tnt-push

Mit heulender Sirene raste ein Krankenwagen heran und hielt an. Zwei Krankenpfleger transportierten einen Mann aus einem Haus und ließen die Trage zur Seite kippen, so dass der Mann auf die Straße rollte. Der Verletzte wurde unsanft wieder auf die Trage gewuchtet und verladen. Doch als der Krankenwagen wegfuhr, rollte die Trage wieder zurück auf die Straße. Der Wagen hielt, der Fahrer öffnete ruckartig die Tür – und holte so einen Radfahrer vom Sattel. Der Radler ging ärgerlich auf den Fahrer los und prügelte sich mit ihm. Jetzt ging es richtig rund. Eine Motorradfahrerin in roter Unterwäsche fuhr an der Szene vorbei, zwei Fahrzeuge hielten mit quietschenden Reifen, Gangster und Polizisten sprangen heraus und lieferten sich einen hitzigen Schusswechsel. Wenige Sekunden später fuhren die Fahrzeuge schon wieder davon, während einige American-Football-Spieler den Verletzten auf der Trage von der Straße holten. Zu guter Letzt wurde an einem Gebäude ein großes Banner entrollt: »Your daily dose of Drama from 10/04 on Telenet. TNT. We know drama.«
Das Video wurde inzwischen über 55 Millionen Mal auf YouTube angesehen. Es sammelte rund 405000 Likes, 6500 Dislikes und über 2000 Kommentare (Stand: Oktober 2017). Das Interessante daran sind nicht die Actionszenen, sondern dass sie im Alltag stattfinden. Immer wieder werden die erstaunten Blicke der Passanten gezeigt. Auch davon leben diese Videos.

Ecko Unltd: still free. Marc Ecko wollte etwas gegen das Mainstream-Image seiner Modemarke Ecko Unltd. tun. Etwas Cooles. Etwas, was an den früheren Graffiti-Style andocken könnte. Die Agentur Droga5 fand für ihn den interessantesten Platz, den sich ein Graffitikünstler nur denken kann: die Air Force One.

Ein Onlinevideo zeigte, wie sich eine kleine Gruppe auf einen bewachten Flughafen schlich und dort ein Graffiti an der Air Force One anbrachte: stillfree.com. Die Medien griffen den scheinbaren Skandal auf und verhalfen dem Video in nur zwei Wochen zu 23 Millionen Klicks. Und das Pentagon musste dreimal erklären, das Video sei nicht echt.

tinyurl.com/ecko-still-free

Involvieren und Interagieren

Noch stärker als eine starke Geschichte ist eine Geschichte, in die der Betrachter einbezogen wird.

> **»Move from ›marketing to people‹ to ›marketing with people‹.«**
>
> Keith Week, Chief Marketing and Communications Officer bei Unilever

Durch die sozialen Medien können Marken noch besser persönliche Beziehungen mit Menschen aufbauen. Ein solcher Dialog ist für viele Leute eine interessante Erfahrung. Die Marke ist nicht mehr unnahbar und schwer zugänglich. Sie reagiert, sie spricht, sie geht auf den Einzelnen individuell ein.
»Mach mit!«, rufen die Marken im Internet an jeder Ecke. »Warum?«, fragt der Verbraucher. »Weil man was Tolles gewinnen kann.« – »Aha. Na gut.«
Gewinnspiele funktionieren. Aber es gibt spannendere Ideen, um die User zu involvieren.

Obermutten: Likes. Das Projekt »Obermutten« von Jung von Matt/Limmat wurde von Facebook bei den Facebook Studio Awards in New York geehrt. Die Jury würdigte das Projekt aus über 1400 Einsendungen als einzige nichtamerikanische Arbeit mit Gold. Alles begann mit der Eröffnung einer eigenen Facebook-Seite und einem Versprechen: Jeder, der das kleine Schweizer Bergdorf likt, kommt an das Anschlagbrett im Dorfzentrum.
Heute hat Obermutten mit seinen 80 Einwohnern über 45000 Fans aus der ganzen Welt, ein Museum der Freundschaft und immer wieder neue Besucher vor Ort.

tinyurl.com/obermutten-likes

CORE4: Every Like a Live-Show. Die Agentur CORE4 in Bratislava hatte eine simple, aber wirksame Idee, ihre neue Website zu promoten. Die Kreativen verbanden den Like-Knopf auf ihrer Website mit einem Beacon im Büro. Bei jedem neuen Like konnte man auf der Website via Livestream sehen, wie im Büro ein Alarm ausgelöst wurde und ein Mitarbeiter vor die Kamera kam, um sich persönlich für das Like zu bedanken und den Alarm auszustellen. Die Geschichte sprach sich schnell im Web herum, und so wurde die Seite bald von über 160 Ländern aus gelikt.

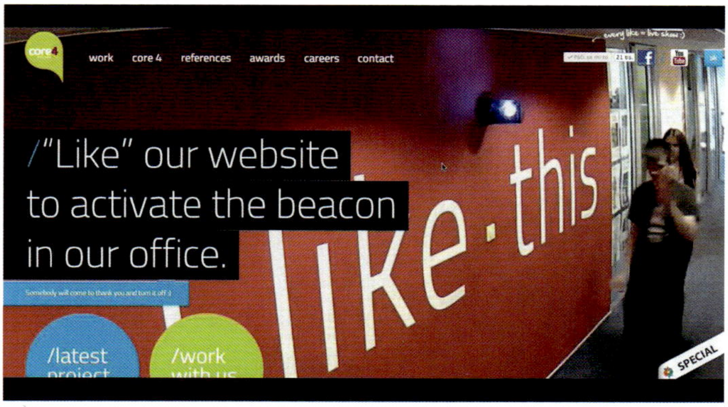

tinyurl.com/core4-every-like

Masterfoods: Touch the Rainbow. Die Agentur BBDO, Toronto, hatte eine bahnbrechende Idee, YouTube-User in ihre Spots für die Fruchtbonbons Skittles einzubeziehen: Die Zuschauer wurden aufgefordert, ihren Zeigefinger an einer bestimmten Stelle auf den Bildschirm zu halten. Der Film bezog den Finger in die Handlung mit ein. Zum Beispiel, indem ein Auto dagegenfuhr – und prompt mit einem Blechschaden stehen blieb. Auf diese Weise war das Publikum deutlich stärker involviert, als wenn es nur einen lustigen Film gesehen hätte.

tinyurl.com/skittles-touch

Individualisieren und Personalisieren

Was ist das schönste Wort der Welt? Es ist der eigene Name. Auf kein anderes Wort reagiert ein Mensch stärker. Beim sogenannten *Customizing* werden Massenprodukte individualisiert. Auf einer Cola-Flasche steht dann zum Beispiel »Trink 'ne Cola mit Tom.« Personalisierung und Individualisierung sind machtvolle Instrumente, um Konsumenten anzusprechen und ihnen einen Mehrwert zu bieten. Sie helfen den Menschen, ihre Persönlichkeit zum Ausdruck zu bringen. Und den Firmen, ihre Produkte zu vermarkten. Interessant auch, was Larry Light, früherer Chief Marketing Officer McDonald's, dazu sagt: »The world is more connected, but marketing is becoming more regionalized and more individualized. Personalization is not a trend. It is a marketing tsunami that will transform how we think about and manage global brands.«

Produktbeispiele aus dem Food-Bereich

Inzwischen kann man sich sein eigenes Müsli zusammenstellen (My Müsli) und seinen Tee selbst kreieren (5 Cups and some sugar). McDonald's sorgte mit dem Mein-Burger-Wettbewerb für eine frische und überraschende Inszenierung seines Angebots. M&M's hat die Plattform *Mymms.de* eröffnet, Edeka den Edeka-Selbermacher erfunden und Intersnack zur Fußball-WM von seinen Kunden den Salsa de Brasil wählen lassen. Coca-Cola bietet seinen Kunden an, einen Namen auf die Flasche zu drucken.

Auf *www.meinecoke.de* heißt es: »Mach dir und deinen Liebsten Freude auf – mit einer individuellen Coke. Gib einen Namen ein, wähle zwischen Coca-Cola, Coca-Cola light und Coca-Cola Zero und hol dir deine individualisierten Coke Flaschen nach Hause oder verschick sie direkt an Freunde und Familie. Freude teilen ist so einfach!«

Einen Schritt weiter geht Storck Deutschland. Auf *dankesagen.merci.de* kann man ein Foto hochladen, das auf die merci-Packung kommt. Man kann einen Text auf die Verpackung schreiben und die Gestaltung bestimmen (zum Beispiel Herz oder Schleife). Dieses ganz persönliche merci kann man dann per Post an einen lieben Menschen verschicken.

NESCAFÉ Dolce Gusto Mini Me: Porträts. Die Agentur Jam hatte die Aufgabe, in Großbritannien die neue Kaffeemaschine NESCAFÉ Dolce Gusto Mini Me zu launchen. Zielgruppe: 25- bis 35-Jährige. Ihre Strategie: Sie wollten die Zielgruppe im Coffee House des Internets ansprechen, auf Facebook.

Die Idee: Ein Künstler malte Porträts der Facebook-Fans in die Crema. Das gefiel den Fans. Und so verbreitete sich die Geschichte über #MiniMe immer weiter. Vier einflussreiche Blogger trugen ebenso zur Verbreitung bei wie bezahlte Werbung.

Produktbeispiele aus dem Non-Food-Bereich

Adidas bietet Kunden die Möglichkeit, den ZX-Flux-Schuh mit eigenen Fotos zu gestalten: »Make a shoe for you.« Mehr unter: *www.adidas.de/personalisieren*. Auch der Konkurrent Nike setzt schon lange auf Personalisierung: Seit 1999 gibt es Nike-ID. Beim Kyrie 1 iD heißt es etwa: »Falle nicht nur durch dein Können auf. Falle auf mit exklusiven Farben, einer personalisierten Außensohle und mehr.«

Pril: Neues Design. Henkel rief auf Facebook zu einem Designwettbewerb auf. Gesucht wurde ein neues Design für die Spülmittelflasche von Pril. Jeder User konnte eines entwerfen und auf der Facebook-Seite vorstellen. Henkel kündigte an, eine Jury werde aus zehn Gewinnern zwei Designs auswählen, die anschließend in den Handel kommen – in limitierter Auflage. Die Resonanz war gut. Über 50.000 Entwürfe traten gegeneinander an. Dabei lagen wilde, freche Vorschläge ganz vorne (»Schmeckt lecker nach Hähnchen«). Henkel änderte die Spielregeln, sortierte aus und löschte Stimmen, die angeblich gefälscht worden waren. Berechtigt oder nicht – das Vorgehen sorgte für Unmut, Boykottaufrufe und Proteste.

Der Brigitte. Souveräner reagierte Otto. Der Versandhändler hatte einen Modelwettbewerb bei Facebook ins Leben gerufen. Die attraktiven Damen stach ausgerechnet ein Mann aus. Ein Student posierte mit blonder Perücke und nannte sich »der Brigitte«. Er gewann die Abstimmung unter den Usern. Otto spielte mit und erklärte ihn zum Sieger. Das kam gut an bei den Usern, und es gab Lob von allen Seiten.

Individualisieren und Personalisieren in der Kommunikation

Nicht nur bei Produkten ist es für die Konsumenten reizvoll, personalisierte Angebote zu bekommen, sondern auch in der Kommunikation. Verbraucher schätzen es, wenn man sie individuell und persönlich anspricht. Das beginnt bei simplen Beispielen wie einem personalisierten Brief bzw. einer personalisierten E-Mail und geht bis hin zu eigens produzierten Videos, in denen Facebook-Kommentare aufgegriffen werden.

Eine Forsa-Umfrage im Auftrag des Softwarehauses SAS Institute sagt, dass 90 Prozent der Befragten ihre Post im Briefkasten und im E-Mail-Account öffnen – aber 79 Prozent bemängeln, dass die Werbung nicht auf ihre persönlichen Bedürfnisse zugeschnitten sei.

Auch eine Studie des Instituts Rheingold im Auftrag der Deutschen Post kommt zu dem Ergebnis, die Unternehmen sollten den Adressaten das Gefühl vermitteln, die Inhalte seien individuell und persönlich an sie gerichtet.[23]

Old Spice: Kommentar zum Kommentar. Die Kampagne mit dem ehemaligen American-Football-Spieler Mustafa Isaiah haben wir uns bereits angesehen. Aber es ging noch weiter. Online. Drei Tage lang trat der Darsteller mit Fans in Kontakt. Ein Team von Textern, Artdirectors, Producern, Cuttern und Social-Media-Experten suchte Twitter und Facebook nach Kommentaren zum Film ab. Daraufhin produzierten sie 186 Videoantworten, in denen Mustafa individuell auf die Kommentare einging. So überbrachte er zum Beispiel für einen Mann einen Heiratsantrag. Kein Wunder also, dass sich die Clips wie ein Lauffeuer verbreiteten. Die Promotion gilt als eine der erfolgreichsten Social-Media-Aktionen aller Zeiten.

tinyurl.com/old-spice-kommentar

Mustang: Epic Denim. Die Agentur Kolle Rebbe hatte die Aufgabe, sich für die Veranstaltung »Dinner for Friends« von Mustang ein Einladungsmailing auszudenken. Die Idee: das erste Buch, das man anziehen kann.

Eine Mustang-Jeans wurde zu einem zehnseitigen Buch gebunden. Genähte Illustrationen und Texte erzählten die Geschichte der Marke. Der Clou: Jedes Exemplar war auf den Empfänger zugeschnitten. Mit der passenden Hosengröße und einem genähten Porträt. Die lederne Bindung konnte man mit nur einem Schnitt lösen.

So wurde das Buch zur individuellen Jeans. Das saß – auch bei der ADC-Jury. Die Arbeit erhielt Silber.

23 Förster, Uwe: Drucksache mit Erlebnisfaktor. In: Horizont, Nr. 37/2012, 13.9.2012, Seite 22.

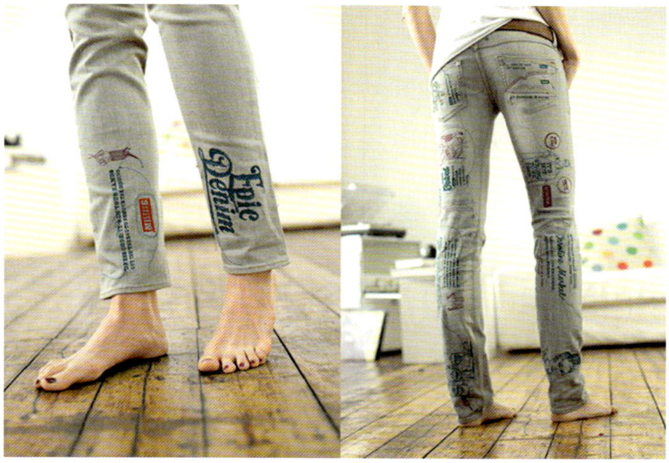

Aktuell und schnell

Was gibt es Neues? Worüber spricht man gerade?
Das interessiert die Menschen. Clevere Marken nutzen dieses Interesse an aktuellen Themen und greifen sie in ihrer Kommunikation auf. Der Drogeriemarkt dm hat für sein Management den Begriff »situative Geistesgegenwart« geprägt. Genau darauf kommt es an. Man muss ständig mitdenken und sich überlegen, wie man aktuelle Ereignisse mit einer Markenbotschaft verbinden kann.
Der Autovermieter Sixt und seine Agentur Jung von Matt haben diese Kategorie geprägt wie kein Zweiter.

Sixt: GDL-Streik. Als die Gewerkschaft der Lokomotivführer im Jahr 2015 ihre siebte Streikrunde bei der Deutschen Bahn fortführte, twitterte Sixt folgendes Motiv: Visual: Claus Weselsky, Gewerkschaftsführer. Headline: »Schon wieder Mitarbeiter des Monats.« Subline: »Sixt gratuliert zur erfolgreichen Titelverteidigung mit günstigen Mietwagen an allen Bahnhöfen und unter *sixt.de*.«

Sixt: Charles und Camilla. Bereits im Jahr 2005 warb Sixt mit folgendem Motiv: Visual: Prince Charles und Camilla. Headline: »Für alle, die ihre Freundin nicht mehr verstecken müssen.« Subline: »Günstige Cabrios unter *sixt.de*«
Anmerkung: Mit bekannten Persönlichkeiten darf man nur werben, wenn man ihre Erlaubnis dafür eingeholt hat. Ob Sixt Charles und Camilla gefragt hat, darf durchaus bezweifelt werden.
Sixt hat offenbar eine Vorliebe für das englische Königshaus. Als die Queen im Juni 2015 nach Frankfurt kam, mietete sie am Flughafen ein Auto bei Sixt. Fluggäste reagierten überrascht auf die Doppelgängerin, die kurz vor der echten Königin eintraf. Die Aktion wurde mit einem Video online verbreitet.

New York Times: The Truth. Als Reaktion auf die Diskussion um *Fake-News* und *alternative Fakten* antwortete die New York Times mit der Kampagne *The Truth*. Präsident Donald Trump verurteilte die Werbung per Twitter – und macht sie damit nur noch bekannter: »For first time the failing @nytimes will take an ad (a bad one) to help save its failing reputation. Try reporting accurately & fairly!« Agentur: Droga5.
Hier ein Beispiel.
»The truth is hard.
The truth is hidden.
The truth must be pursued.
The truth is hard to hear.
The truth is rarely simple.

The truth isn't so obvious.
The truth is necessary.
The truth can't be glossed over.
The truth has no agenda.
The truth can't be manufactured.
The truth doesn't take sides.
The truth isn't red or blue.
The truth is hard to accept.
The truth pulls no punches.
The truth is powerful.
The truth is under attack.
The truth is worth defending.
The truth requires taking a stand.
The truth is more important than ever.
The New York Times.«

Das Spiel mit dem Medium

Eine Mediaidee ist eine Idee, die ein Medium intelligent nutzt – also zum Beispiel das Medium Plakat oder das Medium Fernsehen. Entweder man nutzt ein bereits bestehendes Medium auf neue Weise. Oder man erfindet ein neues Medium. Ein Medium kann alles sein, was eine Botschaft transportieren kann. Das Spiel mit dem Medium eröffnet Kreativen wunderbare Möglichkeiten.

Volkswagen: »Don't make up and drive. In diesem Fallbeispiel hat die Agentur DDB Tribal Group das Medium YouTube-Kanal überraschend neu genutzt. Jedes Jahr werden allein in England rund 500 000 Unfälle von Frauen verursacht, die sich schminken, während sie fahren. Die Kreativen hatten die Idee, dort zu werben, wo man es so nicht erwarten würde: auf dem YouTube-Kanal einer Beautybloggerin. Ihre 240 000 Abonnentinnen sahen, wie sich Make-up-Expertin Nikkie vor dem Rechner schminkte – und wurden plötzlich Zeuge eines Autounfalls von Nikkie.

tinyurl.com/volkswagen-makeup

Diakonie Frankfurt: Days of Hope. Hier geht es um das Medium Fernsehen. Echte Obdachlose moderieren im Winter den Wetterbericht. Das Konzept der Agentur Saatchi & Saatchi Berlin ist ebenso einfach wie überzeugend. Auf diese Weise denken die Zuschauer bei Meldungen von Eis und Schnee an Obdachlose und werden zum Spenden animiert.

tinyurl.com/diakonie-days

SKY: Livespots. Auch hier geht es um das Medium Fernsehen. Der Fernsehsender SKY überträgt das UEFA-Champions-League-Spiel zwischen dem FC Arsenal und dem FC Bayern live. Und 40 Sekunden lang auch live im Werbeblock. Grandios! Das gab's so noch nie. Agentur: ServicePlan.

tinyurl.com/sky-livespot

Carola Wendt: Verwendungszweck. Die Agentur weigertpirouzwolf hatte sich etwas überlegt, um im Auftrag der Personalberaterin Carola Wendt Kreative auf überraschende Weise anzusprechen. Die Personalberatung überwies den Kreativen einen Euro aufs Konto und nutzte das Verwendungszweck-Feld für ihre Botschaft: »Na Jens, hier sieht's ja ganz schön mau aus«. Dazu gab's eine Telefonnummer. Das Verwendungszweck-Feld wird somit zum Medium. Eine bahnbrechende, überraschende Media-Idee.

Fiona Bennett: Schöne Hüte. In Berlin gibt es Litfaßsäulen, die ein wunderschönes Dach haben. Die Kreativen von Scholz & Friends Berlin hatten die Idee, diese Dächer als Hüte zu interpretieren. Gesichter von Frauen wurden so plakatiert, dass die Dächer wirkten, als hätten die Damen Hüte auf. Absender: Fiona Bennett – ein Berliner Hutladen.

Was wäre, wenn ...?

Wenn dir ein spannender Gedanke durch den Kopf geht, dann geh mit. Folge ihm, wo auch immer er dich hinführt. Denk die Geschichte zu Ende. So wie es zum Beispiel die Kreativen von Scholz & Friends für Saturn getan haben. Ein Film zeigt, was passieren kann, wenn in einer Kneipe ein Fußballspiel läuft und der Fernseher kaputt geht. Es kommt zu einer Schlägerei, die immer weiter um sich greift. Bis am Ende die ganze Stadt im Chaos versinkt. Und alles nur, weil ein Fernseher schlechte Technik hatte.

Das Schöne an dem Mechanismus ist, dass man sich wirklich wilde, spannende Geschichten ausdenken kann. Möglich ist alles, was dein Kopf hergibt. Je unterhaltsamer, desto besser. Werbung kann dem Betrachter auf diese Weise eine Flucht aus der Realität bieten. Der Reiz des Absurden kann hier munter auf die Spitze getrieben werden.

Weitere Beispiele: Was wäre, wenn auf einer Party zwei Männer nach einer Flasche Bier greifen, die so begehrlich ist, dass keiner von beiden loslassen will. Und zwar nie wieder, ihr ganzes Leben lang. Was wäre, wenn ein Mexikaner Kartoffelchips so kraftvoll mit den Fingern wegschnipsen könnte, als wären sie die Geschosse einer Pistole? Was wäre, wenn man in einen Coca-Cola-Automaten hineinschauen könnte und sich dort eine ganz eigene Phantasiewelt auftun würde?

Ideas driven by Technology

Bei jeder Kampagne geht es darum, etwas wirklich Neues auf die Beine zu stellen. Das gelingt nur selten. Aber das ändert nichts daran, dass wir es immer wieder versuchen müssen. Technische Innovationen helfen uns, wenn wir sie sinnvoll in eine Geschichte einbinden.
Es macht daher Sinn, Techniker und Programmierer in den Ideenfindungsprozess einzubeziehen. Leider ist es so, dass man mit diesem Vorhaben bei den Technikcracks nicht unbedingt offene Türen einrennt. Das liegt daran, dass sie keine große Erfahrung darin haben, Kommunikationsideen zu entwickeln. Wenn es aber gelingt, aus Technikern und Kreativen ein Team zu schmieden, dann ist das Potenzial enorm. Dr. Heinrich von Pierer hat einmal gesagt: »Der Haupthebel für Markterfolge bleiben die Innovationen.« In der Kommunikation verhält es sich heute genauso. Innovationen sind die Wegbereiter für zeitgemäße, bahnbrechende Kampagnen. Wenn das Wissen um technische Möglichkeiten auf passende Werbebotschaften trifft, können großartige Ideen entstehen.

Teatreneu: Pay per Laugh. Für das Teatreneu, ein Unternehmen mit acht Bühnen in Barcelona, sollte die Agentur The Cyranos McCann Worldgroup eine Promotion entwickeln. Die Idee: Pay per Laugh. Besucher kommen kostenlos in die Comedy-Show und zahlen nur, wenn sie lachen. Und zwar 30 Cent pro Lacher, maximal 24 Euro. Jeder Sitz wurde mit einem Tablet mit Gesichtserkennung ausgestattet. Das Ergebnis: 35 Prozent mehr Besucher. Am Ende waren 7200 Euro in der Kasse – eine deutliche Steigerung im Vergleich zu den 4400 Euro, die sonst eingenommen wurden.

tinyurl.com/teatreneu

Mercedes-Benz: Invisible Drive. Jung von Matt/Alster hatte die Aufgabe, den emissionslosen Antrieb der Mercedes-Benz F-CELL zu bewerben. Der Gedanke, den die Kreativen entwickelten, hieß: »Für die Umwelt unsichtbar. F-CELL mit 0,0 Emissionen.« Und genau das setzten sie mit Hilfe einer innovativen Technologie um.

Eine Seite des Wagens verkleideten die Kreativen mit LEDs, auf der anderen Seite brachten sie eine Kamera an. Das Bild der Kamera wurde auf die LEDs übertragen.

Blickte man von der LED-Seite auf den Mercedes, sah man das, was sich dahinter abspielte. Es war, als würde man durch das Auto hindurchsehen. Der Effekt: Der Mercedes wurde »unsichtbar«. Eine spektakuläre Promotion, die in Cannes mit einem Grand Prix ausgezeichnet wurde.

tinyurl.com/mercedes-invisible

KAPITEL 7

ZEHN IDEENSCHUBLADEN

Als ich bei einer ADC-Veranstaltung vor Junioren einen Vortrag zum Thema Text halten sollte, dachte ich mir ein Hilfsmittel aus: zehn Schubladen, in die man gedanklich verschiedene Headline-Mechanismen einsortieren kann. Später fiel mir auf, dass diese Techniken nicht nur für Headlines gelten, sondern ganz grundsätzlich für Ideen.

- Schublade 1: Der klassische Dreh
- Schublade 2: Der 180-Grad-Dreh
- Schublade 3: Gute Beobachtung
- Schublade 4: Dramatisiere den Benefit
- Schublade 5: Das Irrationale und Irritierende
- Schublade 6: Spannende Perspektive
- Schublade 7: Das Prinzip
- Schublade 8: Wortspiele
- Schublade 9: Misleading
- Schublade 10: leer

Im ersten Schritt zeige ich dir am Beispiel von Headlines, wie der Mechanismus funktioniert. Im zweiten Schritt gibt es – bei einigen Schubladen – Beispiele für andere Medien. Doch vorher möchte ich zum Thema Headlines und Texten noch einige Gedanken vorausschicken.

Headlines und Texten

Man muss kein ausgebildeter Texter sein, um texten zu können. Denn beim Texten geht es um interessante Gedanken. Und solche Gedanken kann wirklich jeder haben.

Interessante Gedanken

»Gegenüber der Leverkusener Vereinsführung ist der Baron von Münchhausen ein Wahrheitsfanatiker.« – Udo Lattek

»Ein Mann kann anziehen, was er will, er bleibt doch nur ein Accessoire der Frau.« – Coco Chanel

»I don't do fashion, I am fashion.« – Coco Chanel

»Man wird alt, wenn die Leute anfangen zu sagen, dass man jung aussieht.« – Karl Dall

Das sind im Prinzip erstklassige Headlines. Aber das Wichtigste fehlt noch: die Werbebotschaft. Die Kunst eines Texters besteht darin, ein Produktversprechen einfallsreich zu formulieren. Und wozu das Ganze? Weil ein interessanter Gedanke nun mal besser im Kopf bleibt als eine flache Reklameaussage. Hier einige Hinweise dazu.

- **Klarheit geht vor Kreation**: Deine erste und wichtigste Aufgabe ist es, mit der Headline eine vorgegebene Botschaft zu vermitteln. Das klingt banal, aber in der Praxis zeigt sich, dass Anfänger mitunter Probleme damit haben. Manche Headlines sind so verspielt, dass ihre Aussage an Klarheit verliert. Am Ende ist eine präzise Headline ohne Idee immer noch besser als eine unklare Headline mit Idee. Die Kunst besteht darin, eine vorgegebene Botschaft präzise auszudrücken – aber in einen interessanten Gedanken oder zumindest in eine interessante Formulierung zu verpacken.
- **Sprechdeutsch statt Schriftdeutsch**: Schreibe nicht, wie man schreibt, sondern genauso, wie man spricht. Einfach, verständlich, locker, geradeaus. Frag dich bei jeder Headline: Würde man das auch so sagen? »Dies ist ein guter Grund« würde zum Beispiel niemand sagen. Normal klingt: »Das ist ein guter Grund«.
- **Schreibe keine Copyzwinger**: Mit der Headline muss das Entscheidende rübergebracht werden. Du darfst nicht von den Leuten erwarten, dass sie die Copy lesen (den kleiner gedruckten Text). Denn das tun die allerwenigsten

Leser. Man spricht von *Copyzwingern*, wenn man das Motiv erst dann versteht, wenn man die Copy liest. Das Problem dabei: Eine Headline sollte eher kurz als lang sein. Lange Zeilen verlieren rein visuell an Durchschlagskraft. Hier ein kleiner Trick: Eine kurze, plakative Headline kann als Teaser eingesetzt werden, um die Aufmerksamkeit der Leute auf sich zu ziehen. Eine Subline (eine kleinere Zeile unter der Headline) löst sie dann auf und erklärt, was das Ganze zu bedeuten hat. So eine Kombination kann durchaus sinnvoll sein.

- **Halte dich kurz**: Es gibt eine Regel, nach der man auf einem Plakat maximal acht oder neun Wörter verwenden sollte. Das ist eine grobe Richtlinie. In Überschriften von Anzeigen kann man etwas länger werden.
  In der Kürze liegt auch bei Sätzen im Fließtext die Würze. Kurze Sätze sind einfacher zu verstehen als lange. Hüte dich vor komplizierten, verschachtelten Sätzen. Hier besteht die Gefahr, dass der Leser nicht alles versteht und irgendwann aus dem Text aussteigt.

»Es gibt kein Argument gegen kürzer.«

Konstantin Jacoby

Headlineduktus

Wenn Headlines innerhalb einer Kampagne auf die gleiche Art funktionieren, spricht man von einem *Headlineduktus*. Dadurch wirkt die Kampagne noch mehr aus einem Guss. Das ist sicher positiv. Es gibt aber kein Gesetz, das verlangt, dass Headlines in einer Kampagne immer einen festen Duktus einhalten müssen.

Kunden und Kundenberater lieben es, wenn eine Kampagne einen Headlineduktus hat. Ich möchte eher davor warnen, ihnen diesen Gefallen zu tun. Oft wird nämlich die Kreativität durch so einen Duktus in ein strenges Korsett gepresst. Das ist alles andere als angenehm für den Texter und verhindert womöglich interessante Zeilen.

Hier ein Beispiel für einen sinnvollen Headlineduktus von Leo Burnett Schweiz: Headline: »Ich werde niemals reich mir doch mal den Kaviar.« Subline: »Das Leben ist voller Wendungen. Unsere Finanzberatungs- und Versicherungslösungen passen sich an.« Logo und Claim: »SwissLife. So fängt Zukunft an.« Weitere Headlines: »Ich möchte niemals Kinder sind für mich das Größte.« »Wir treffen uns nur aus Freundschaft wurde Liebe.« »Du kannst mir gestohlen bleiben wir für immer zusammen?«

Bild und Headline

Achte darauf, die Aussage des Bilds nicht in der Headline zu wiederholen. (Das nennt man »Neger vor Hütte«. Warum das so heißt? Keine Ahnung, aber hinter dieser Wendung steckt bestimmt eine interessante Geschichte.) Schreibe also nicht, was man sieht, sondern addiere etwas dazu, was man nicht sieht. Reizvoll ist es zum Beispiel, wenn der Text einen Gegensatz zum Bild aufbaut und so eine Spannung erzeugt.

Hornbach: Legenden. Visual: ein Handwerker bei der Arbeit. Headline: »Legenden sterben nicht im Bett.« Logo: Hornbach. Die Abbildung dazu sehen Sie auf der vorherigen Seite.

Sixt: Tretboot. Visual: Porsche. Headline: »Günstiger als ein Tretboot auf dem Titisee.« Logo: Sixt

Bildideen ohne Headline

Manchmal braucht man keine ausgetüftelte Headline, weil das Bild in Verbindung mit Logo und Claim schon alles erzählt.

Spontex: Abschied. Visual: Eine Frau steht heulend am Bahnsteig und winkt mit einem Schwamm. Logo und Claim: »Spontex. Super absorbent.«

Spontex: Schwamm. Visual: Ein kleiner Junge sitzt lächelnd am Esstisch. Sein Suppenteller ist leer, der große Suppentopf ebenfalls. Auf den zweiten Blick sieht man hinter dem Jungen auf seinem Stuhl einen Schwamm liegen. Logo und Claim: »Spontex. Super absorbent.«

Harry's: Kissenbrot. Visual: Ein kleines Mädchen sitzt an einem gedeckten Frühstückstisch. Sie hat den Kopf auf eine Scheibe Brot gelegt und schläft seelig. Logo und Claim: »Harry's bread. Nice and soft.«

Elemente gewichten

Bei Schublade 5 (das Irrationale und Irritierende) werden wir sehen, wie die Gestaltung dazu beitragen kann, dass der Betrachter die Elemente in der gewünschten Reihenfolge betrachtet.

Was sieht sich das Publikum zuerst an? Das Bild. Und dann? Die große Überschrift. Oder das Logo. Kommt darauf an, was am größten und stärksten ist. Rot ist zum Beispiel eine Signalfarbe. Ein großes, rotes Logo wird man wohl noch vor der Headline wahrnehmen. Überlege dir, in welcher Reihenfolge der Betrachter die Elemente anschauen soll. Gewichte die Elemente entsprechend in ihrer Größe. Achte darauf, dass nicht alles gleich groß ist. Das ist das Gegenteil von Gewichtung und sorgt dafür, dass das Auge willkürlich hin und her springt.

Lass alles weg, was nicht zur Idee gehört. Reduziere das Motiv auf das Wesentliche. Je weniger Bildelemente ein Foto hat, desto plakativer ist es.

Überlege dir, ob du Elemente aus der Welt des Produkts im Layout aufnehmen kannst. Wenn es um eine Fotokamera geht, dann könnte man zum Beispiel eine

Bildergeschichte mit Fotos erzählen. Geht es um einen Baumarkt, könnte man die Anzeigenelemente mit Schrauben montieren. Gewichtung und Gestaltung tragen wesentlich zum Erfolg einer Maßnahme bei. Auch hier sind Originalität und Liebe zum Detail gefragt. Grundsätzlich geht es darum, einen einzigartigen Auftritt zu entwickeln (Design, Sprache, Sound, Look and Feel). Das Branding (typisches Erscheinungsbild) muss so stark sein, dass man den Auftritt sofort erkennt.

Kommen wir aber nun zu den Ideenschubladen für innovative Headlines.

Ideenschublade 1: Der klassische Dreh

Wir haben bereits das Prinzip »Abweichen von der Norm« kennengelernt. Beim klassischen Dreh wird ein Element verändert – und zwar so, dass diese Veränderung die Werbebotschaft auf den Punkt bringt.

Mercedes-Benz: Vater Natur. Visual: die G-Klasse. Headline: »Vater Natur.« Subline: »Die neue Generation der G-Klasse.« Logo: Mercedes-Benz. Eigentlich spricht man von »Mutter Natur«. »Vater Natur« irritiert, stoppt und regt dazu an, nach einer Auflösung zu schauen.

IWC: Der Uhr. Visual: eine IWC-Uhr. Headline: »Der Uhr.« Logo und Claim: »IWC. Seit 1868. Und solange es noch Männer gibt.«
Eigentlich sagt man »die Uhr«. »Der Uhr« irritiert, weil es grammatikalisch falsch ist. Der Betrachter bleibt daran hängen. Die Auflösung: Bei dieser Uhr handelt es sich um eine Uhr für Männer.

BMW: Diesel geleckt. Visual: einige BMW-Ingenieure. Headline: »Wir haben Diesel geleckt.« Logo: BMW.

beyerdynamics: Huge in Japan. Visual: ein Mann mit einer großen Sprechblase, die im Layout an eine Japan-Flagge erinnert. Headline: »Huge in Japan.« Subline: »Your Music gets more intense.« Logo: beyerdynamics (Hersteller von Kopfhörern).

Der Dreh durch den zweiten Satz

Eine zweite Möglichkeit für einen klassischen Dreh: Schreibe einen Satz. Und dann einen zweiten, der die erste Aussage dreht oder mit dem ersten Satz *reagiert*. Was »reagiert« bedeutet, zeigt uns das erste Beispiel. Hier reagieren die Wörter »Salz« und »Pfeffer« miteinander.

BMW: Pfeffer. Teaserbild: eine Straße. Headline: »Seit jeher werden Straßen gesalzen.« Follow-up-Bild: ein BMW. Headline: »Hier ist der Pfeffer.« Logo und Claim: »BMW. Freude am Fahren.«

Mercedes-Benz: Herz belasten. Visual: Mercedes SL. Headline: »Ihn zu fahren, könnte Ihr Herz belasten. Ihn nie zu fahren, könnte es brechen.« Subline: »Erleben Sie Sport wie nie zuvor. Der neue SL.« Logo und Claim: »Mercedes-Benz. Die Zukunft des Automobils.«

Ideenschublade 2: Der 180-Grad-Dreh

Hier werden die Dinge auf den Kopf gestellt. Dadurch wirkt der Gedanke interessant und anziehend.

BMW: Benzin bezahlen. Visual: ein BMW M. Headline: »Bei diesem Motor müsste eigentlich das Benzin bezahlen.« Subline: »Engine of the year 2004 in der Kategorie 3l- bis 4l-Motoren.« Logo und Claim: »BMW. Freude am Fahren.« Die Norm ist, dass der Fahrer das Benzin bezahlt. Die Abweichung von der Norm mit 180-Grad-Dreh ist, dass das Benzin bezahlt – dafür, dass es in diesen genial konstruierten Motor darf.

Mercedes-AMG: Umkehr. Visual: ein Mercedes C 63 AMG T-Modell. Headline: »Viele Männer werden zu Vätern. Manchen gelingt die Umkehr.« Subline: »C 63 AMG T-Modell. A different fast.« Logo: Mercedes-AMG.
Im zweiten Satz der Headline wird die Entwicklung aus Satz 1 (Männer werden zu Vätern) auf den Kopf gestellt (Umkehr).

DMAX: Liegestützen. Visual: Ein Mann versucht, etwas angestrengt in die Höhe zu stemmen. Headline: »Männer drücken bei Liegestützen ihren Körper nicht nach oben, sondern die Erde nach unten.« Subline: »Echte Maschinen.

Montags ab 20.15 auf DMAX.« Logo und Claim: »DMAX. Fernsehen für die tollsten Menschen der Welt: Männer.«

IWC: Abweichen. Visual: IWC-Portugieser-Uhr. Headline: »In 577 Jahren wird die Mondphasenanzeige um einen Tag abweichen. Oder ist es der Mond, der abweicht?« Logo und Claim: »IWC Schaffhausen since 1868.«

IWC: Marmorboden. Visual: IWC-Ingenieur-Uhr. Headline: »Bitte nicht fallen lassen. Der Marmorboden könnte Schaden nehmen.« Logo und Claim: »IWC Schaffhausen since 1868.«

Der Spiegel: Nebenjobs. Visual: Porträtfotos von bekannten Persönlichkeiten; Bildunterschrift bei Kofi Annan: UNO-Generalsekretär; Bildunterschrift bei Oskar Lafontaine: Finanzminister; Bildunterschrift bei Thomas Gottschalk: Showmaster usw. Headline: »Die Nebenjobs einiger Spiegel-Autoren.« Subline: »Jetzt in der Spiegel-Jahreschronik 1998.« Logo und Claim: »Der Spiegel. Spiegel-Leser wissen mehr.«

Churches Of The Love Singapore Movement: Nietzsche. Visual: Typo. Headline: »Nietzsche is dead. God« Dabei steht die Headline wie bei einer umgekehrten Todesanzeige in weißer Schrift auf schwarzem Grund. (Siehe auch Seite 1575 für ein ähnliches Beispiel.)

Der 180-Grad-Dreh als Bildidee

Gerade bei Bildern wirkt der 180-Grad-Dreh besonders stark. Hierbei kann sich ein wirkungsvoller Bildwitz entwickeln.

Gatorade: Müll. Visual: Ein Mann trägt nicht den kleinen Abfalleimer zum großen Müllcontainer, sondern den großen Müllcontainer zum kleinen Abfalleimer. Logo und Claim: »Gatorade. Is it in you?«

BMW: Weltkarte. Visual: eine Weltkarte. Die Flächen von Meer und Land sind vertauscht. Headline: »Jeder träumt von einer besseren Welt. Hier ist unsere Version.« Logo und Claim: »BMW. Freude am Fahren.«

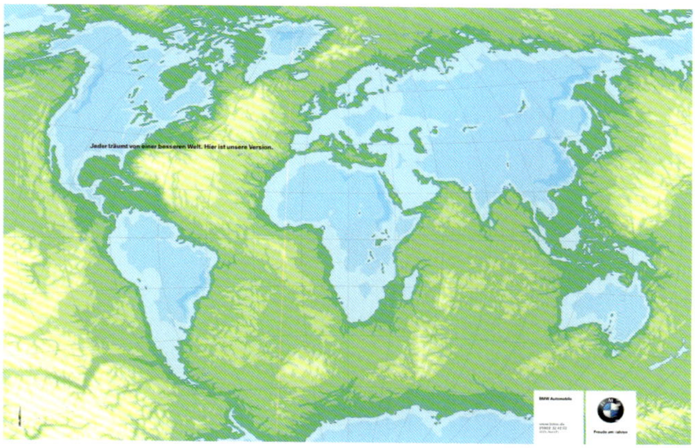

Intertool: Sägeblatt. Visual: drei Sägemaschinen verpackt als Set. Darunter ein einziges Sägeblatt. Logo und Claim: »Intertool. Longlife saw blades.«

Farbraum: Biene. Visual: Eine überdimensionale Biene kontrolliert die Waben eines Bienenstocks. Überall fliegen kleine Imker durchs Bild. Headline: »Bis zu 100 Prozent Bildbearbeitung.« Logo und Claim: »Farbraum. Digital Art.«

Gillette: Poker. Visual: Ein Mann sitzt mit Karten in der Hand am Pokertisch. Er ist schweißüberströmt. Nur die Stellen unter seinen Achseln sind trocken. Logo und Claim: »Gillette. Anti-Perspirant.«

Nissan Micra: Hammer. Zeichnung: Ein riesiger Hammer schlägt auf ein Auto. Der Hammer hat Risse. Nicht das Auto geht kaputt, sondern der Hammer. Text: »The safety-conscious new Micra.« Logo: Nissan.

Der 180-Grad-Dreh bei Bewegtbild

Das Prinzip ist uns bereits begegnet. Und zwar beim Mercedes-Film »Sorry«. Der Tod erscheint plötzlich auf dem Beifahrersitz und sagt »Sorry« zum Fahrer, der mit seinem Mercedes auf eine Baustelle zufährt. »Sorry!«, antwortet der Fahrer, als der Wagen nach einer Vollbremsung unbeschadet vor dem Hindernis steht. Er nutzt also die Worte des anderen, um sich zu revanchieren. Die Situation dreht sich um 180 Grad. Der Tod, der erst zu gewinnen scheint, steht am Ende als Verlierer da.
Schauen wir uns nun noch ein weiteres Beispiel an.

Mercedes-Benz: Love Affair. Wir befinden uns in einer Berghütte bei Schneegestöber. Eine Frau mittleren Alters trifft ihren Liebhaber. »Und wenn er nach Hause kommt?«, fragt der Mann, während sich die beiden leidenschaftlich umarmen und küssen. »Nicht bei dem Wetter«, wehrt die Frau ab. Schnitt. Wir sehen einen Mann mittleren Alters in einem Mercedes unbeirrt durch den Schneesturm fahren. Schnitt zurück in die Hütte. »Bist du sicher?«, fragt der Liebhaber. »Nicht bei dem Wetter«, versichert die Frau. Wir sehen einige leidenschaftliche Szenen der beiden, immer wieder unterschnitten mit dem Mercedes, der souverän durch den Schneesturm fährt. Schließlich hält das Auto vor der Hütte. Der Mann steigt aus, öffnet die Türe und tritt langsam ein. »Denkt sie nicht, dass du nach Hause kommst?«, fragt ihn eine schöne, blutjunge Blondine. »Nicht bei dem Wetter«, meint er lässig und lächelt.
Textchart: »Die E-Klasse mit 4MATIC. Wenigstens darauf kann man sich verlassen.«

tinyurl.com/mercedes-love-affair

Der Spot von Springer & Jacoby wurde mit einem silbernen Cannes-Löwen ausgezeichnet. Ein weiteres Beispiel für den eleganten Effekt, der Geschichte mit den Worten vom Anfang eine überraschende Wendung zu geben.

Ideenschublade 3: Gute Beobachtung

Der Kreative entdeckt eine interessante Wahrheit oder einen Insight. Man könnte auch sagen: *Truth well told.* Das ist der Claim der Agentur McCann. Bei der Schublade »gute Beobachtung« sollte man sich besonders eingehend mit dem Produkt und mit der Zielgruppe beschäftigen. Welche Geschichte erzählt das Produkt? Wie wirkt es? Hat das Produkt eine Idee? Was passiert, wenn man das Produkt weglässt? Wie sieht die Zielgruppe aus? Was denkt sie? Was bewegt sie? Was will sie? Wo erreicht man sie?

Sixt: Müllwagen. Visual: ein Müllwagen von Mercedes-Benz. Headline: »Ist es nicht ungerecht, dass Ihr Müll immer Mercedes fährt und Sie nicht?« Logo: Sixt.

BMW: Vorhöfe. Visual: ein BMW Z4. Headline: »Ihr Herz hat zwei Vorhöfe. Auf welchem dürfen wir ihn parken?« Subline: »Der BMW Z4. Die Summe aller Sinne.« Logo und Claim: »BMW. Freude am Fahren.«

IWC: Offener Mund. Visual: eine IWC-Aquatimer-Taucheruhr. Headline: »Warum Fische mit offenem Mund schwimmen.« Logo und Claim: »IWC Schaffhausen since 1868.«

Mercedes-Benz: Lexikon. Visual: Collage aus Formel-1-Fahrer, seinem Team und einem Rennwagen. Headline: »Der einzige Ort der Welt, an dem Siegen vor Trainieren kommt, ist das Lexikon.« Logo: Mercedes-Benz

Sixt: Bohlen. Visual: Dieter Bohlen. Headline: »Die einzige Frau, von der ich mir was sagen lasse, ist die vom Navigationssystem.« Subline: »Jetzt in jedem Mercedes von Sixt. Zum Beispiel in der neuen E-Klasse für € 77,–/Tag* inkl. 500 km nur unter *www.sixt.com*.«

Mercedes-Benz: Ersatzteil. Visual: ein Mercedes-Stern. Headline: »Unser meistgebrauchtes Ersatzteil.« Logo und Claim: »Mercedes-Benz. Ihr guter Stern auf allen Straßen.«

Das Prinzip »Gute Beobachtung« als Bildidee

Bei der Bildidee wird die clevere Beobachtung nicht mit Worten ausgedrückt, sondern mit einem Foto. Allerdings braucht die Bildidee meistens noch einen kurzen Texthinweis, um dem Betrachter klarzumachen, was ihm das Motiv sagen will. Im Folgenden betrachten wir zwei Beispiele. Ganz ohne Text würden beide nicht funktionieren. Die Idee steckt aber nicht im Text, sondern im Bild.

Kirchentag: Heiligenschein. Visual: Eine ältere Frau steht auf ihrem Balkon und betrachtet Blumen. Die Satellitenschüssel hinter ihr wirkt aus dieser Perspektive wie ein Heiligenschein. Headline: »Ihr sollt ein Segen sein. Ökumenischer Kirchentag.«

Buenos Aires Zoo: 115 Jahre. Visual: Eine Nahaufnahme zeigt das Auge eines Elefanten und seine schrumpelige Haut. Logo: Buenos Aires Zoo. Subline: »115 Years.«

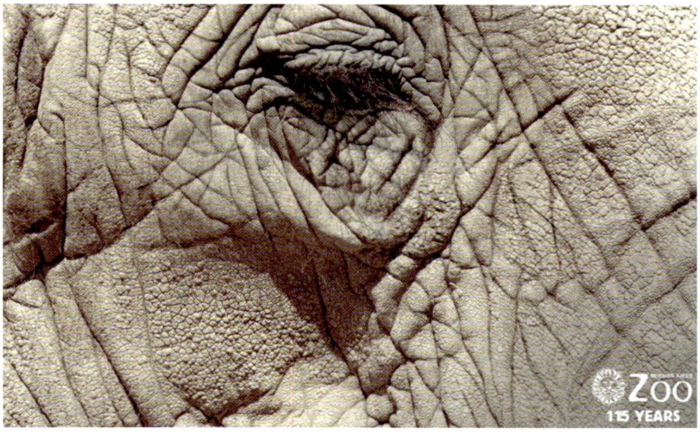

Das Prinzip »Gute Beobachtung« bei Bewegtbild

In Filmen geht man manchmal auch radikal weg vom Produkt. Man erzählt dann keine Produktgeschichte, sondern eine Geschichte, die eine Haltung oder eine Philosophie vermittelt. Hier zum besseren Vergleich erst eine Produktgeschichte. Und dann zwei Geschichten, die eine Haltung darstellen. Alle drei Filme basieren auf einer Wahrheit, die ein Kreativer entdeckt hat.

Der Film »VW: Snow Plow. Ein Mann stapft bei Dunkelheit durch den Schnee. Die Scheinwerfer eines Autos leuchten auf. Im Scheinwerferlicht sehen wir, dass es heftig schneit. Der Wagen fährt über eine verschneite Straße. Off-Sprecher: »Have you ever wondered how the man who drives a snow plow drives to the snow plow?« Der Wagen hält vor einer Art Scheune. »This one drives a Volkswagen.« Der Fahrer steigt aus. »So you can stop wondering.« Schnitt. Aus der Scheune fährt ein Schneepflug. Er räumt Schnee beiseite und fährt davon. 1964 erhielt dieser Gedanke Gold in Cannes.

tinyurl.com/volkswagen-snowplow

Jetzt die zwei Geschichten über eine Haltung.

Der Film »Dove: Real Beauty Sketches. Dieser Film basiert auf der Beobachtung, dass manche Frauen ihr Äußeres kritischer und negativer wahrnehmen, als es tatsächlich ist. Um Frauen das deutlich zu machen, wurden einige ahnungslose Damen zu einem Gespräch eingeladen. Ein Mann fragte, wie sie sich selbst beschreiben würden. Nur ein paar Meter entfernt, durch einen Vorhang getrennt, saß ein Zeichner, der die Frauen nicht sah. Anhand ihrer Aussagen fertigte er Porträts von ihnen an.
Im zweiten Schritt wurden Männer und Frauen befragt, die die Dame kennengelernt hatten. Sie sollten die Frau beschreiben. Anhand dieser Aussagen brachte der Zeichner ein zweites Porträt zu Papier. Schließlich sahen die Frauen anhand der zwei Bilder, wie sie sich selbst sehen und wie sie andere wahrnehmen. Der Unterschied war offensichtlich. Auf der einen Seite gab es harte, verkniffene Gesichter – auf der anderen Seite harmonische, schöne und symmetrische Gesichter. Auflösung: »You are more beautiful than you think.« Dove.

tinyurl.com/dove-beauty-1

Der Film »Nike: Find your Greatness. Eine leere Landstraße. Am Horizont erscheint ein Jogger. Die Kamera fährt zurück, während ein Sprecher sagt: »Greatness. It's just something we made up. Somehow we've come to believe that greatness is a gift, reserved for a chosen few. For prodigies. For superstars.« Wir erkennen jetzt, dass der Jogger ein dicker Junge ist. »And the rest of us can only stand by watching. You can forget that. Greatness is not some rare DNA strand. It's not some precious thing. Greatness is no more unique to us than breathing.« Der dicke, durchgeschwitzte Junge joggt mit kleinen Schritten unbeirrt weiter. »We're all capable of it. All of us.« Texteinblendung: »Find your greatness.« Nike-Logo.

tinyurl.com/nike-greatness

UNICEF: Repay-for-Good-App. Am Anfang stand die Beobachtung, dass man Freunden hin und wieder kleinere Geldbeträge ausleiht, sie aber meistens nicht zurückbekommt. Kleine Beträge werden unter Freunden schnell mal vergessen. Die Agentur ServicePlan entwickelte eine Smartphone-App, über die man dem Schuldner eine Nachricht schicken konnte, für welches UNICEF-Projekt er das Geld spenden soll. Das ging ebenfalls digital, über PayPal. Die Arbeit wurde beim ADC mit Bronze ausgezeichnet.

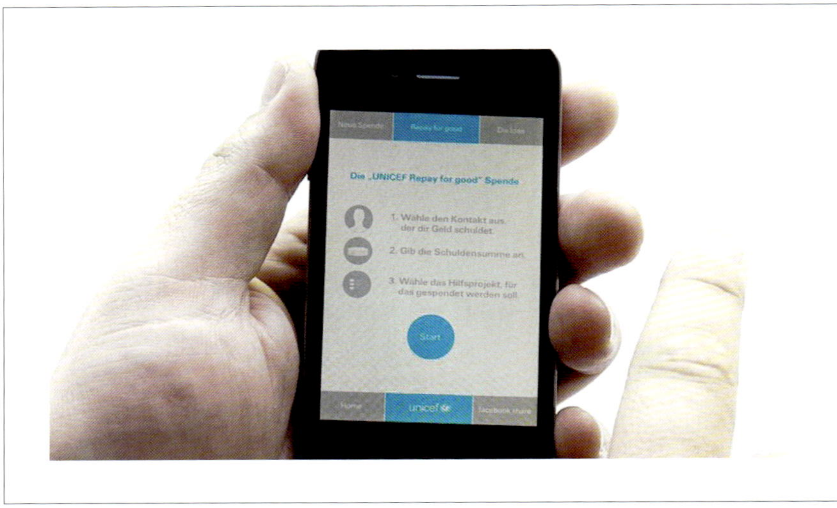

Ideenschublade 4: Dramatisiere den Benefit

Übertreibe den Kundenvorteil so sehr, dass es unterhaltsam wird. Auf diese Weise wird der Vorteil anschaulich und merkfähig. Vorsicht: Ein bisschen übertreiben ist Reklame. Du musst so sehr übertreiben, dass es amüsant wird.

IWC: Yacht. Visual: IWC-Portugieser-Uhr. Headline: »Verdoppeln Sie den Wert Ihrer Yacht.« Logo und Claim: »IWC Schaffhausen since 1868.«

IWC: Das Wertvollste. Visual: IWC-Aquatimer-Taucheruhr. Headline: »Das Wertvollste, was es unter Wasser gibt. Knapp gefolgt von Luft.« Logo und Claim: »IWC Schaffhausen since 1868.«

MAD: Weniger Leser. Visual: Typo. Headline: »Weniger Leser hat nur Radio.« Störer: »An jedem 12. Kiosk!« Logo und Claim: »MAD. Das intelligenteste Magazin der Welt.«

Baden-Württemberg: Ur-Ur-Ur. Visual: Typo. Headline: »Unsere Ur-Ur-Ur-Ur-Ur-Ur-Ur-Ur-Ur-Ur-Ur-Ur-Ur-Ur-Ur-Ur-Ur-Ur-Ur-Ur-Ur-Ur-Ur-Ur-Ur-Ur-Ur-Ur-Ur-Ur-Ur-Ur-Ur-Ur-Enkel sollen es mal genauso gut haben wie wir.« Subline: »Oder was sich hinter dem Begriff Nachhaltigkeit verbirgt.« Logo und Claim: »Baden-Württemberg. Wir können alles. Außer Hochdeutsch.«

Mercedes-AMG: Arlbergtunnel. Visual: ein CLS 63 AMG. Headline: »Nein, Sie haben nicht geblinzelt. Das war nur der Arlbergtunnel.« Subline: »CLS 63 AMG. A different fast.« Logo: Mercedes-AMG.

Coca-Cola: Let them know. Visual: jubelnde Fußballfans im Stadion. Headline: »A plane crosses England every 7 minutes. Let them know who's winning.« Logo und Claim: »Coca-Cola. Eat Football. Sleep Football. Drink Coca-Cola.«

Economist: Readers. Erinnerst du dich an die Regel, die Headline eines Plakats soll möglichst nicht mehr als acht oder neun Wörter enthalten? Das folgende Typo-Poster greift diese Vorschrift wunderbar auf.

> A poster should contain no more than eight words, which is the maximum the average reader can take in at a single glance. This, however, is a poster for Economist readers.

Schweizer Privatbank Julius Bär: Langjährige Kunden. Visual: Typo. Headline: »Wir behandeln alle Kunden wie langjährige Kunden. Auch wenn sie erst 10 Jahre bei uns sind.« Logo und Claim: »Julius Bär. True to you.«

Das Prinzip »Dramatisiere den Benefit« als Bildidee

Im Folgenden betrachten wir Beispiele, bei denen die extreme Steigerung im Bild zum Ausdruck kommt. Das funktioniert meistens nach diesem Prinzip:

- Dat Backhus hat so leckeres Brot, dass ... (Dramatisierung im Bild)
- Ariel hält Farben so lange schön, dass ...
- Mit einer Olympus-Kamera kann man so nahe an Objekte heranzoomen, dass ...
- Ein Spontex-Schwamm ist so saugfähig, dass ...

Der erste Teil des Satzes könnte im Briefing stehen. Wie der Satz weitergeht, hängt von den Kreativen ab. Schauen wir uns an, auf welche Ideen sie gekommen sind.

Dat Backhus: Gutes Brot. Visual: Ein Brötchen ist nicht mit Wurst oder Käse belegt, sondern mit einer dicken Scheibe Brot. Headline: »Wirklich gutes Brot.« Logo: Dat Backhus.

Ariel Color: Abi '67. Visual: Eine ältere Dame trägt ein orangefarbenes Shirt. Darauf steht: Abi '67. Text: »Hält Farben länger schön.« Logo: Ariel Color.

Olympus: Optical Zoom. Visual: Eine Bergsteigerin hält sich ein Fernglas vor die Augen. Direkt hinter dem Fernglas flattert ein Vogel. Sie hat ihn unmittelbar vor der Linse. Packshot: »Fernglas.« Logo und Claim: »Olympus. Optical Zoom.«

Spontex: Wasserstelle. Visual: Einige Afrikanerinnen holen in der Steppe Wasser von einem Brunnen. Zwei Frauen sind auf dem Rückweg und tragen Gefäße auf dem Kopf. Im Vordergrund läuft eine schmunzelnde Frau, die keinen Eimer auf dem Kopf trägt, sondern einen Schwamm. Logo und Claim: »Spontex. Super absorbent.«

Das Prinzip »Dramatisiere den Benefit« in Filmen und Funkspots

Filme und Funkspots erzählen eine Geschichte, die eine Produktleistung dramatisiert. Dadurch wird die beworbene Eigenschaft interessant dargestellt, und man kann sie sich leichter merken.

Levi's: Odyssey. In einem leeren Apartmenthaus. Wir hören die Sarabande aus der Cembalo-Suite Nr. 4 in d-Moll von Georg Friedrich Händel. Ein junger Mann geht nachdenklich und konzentriert ein paar Schritte – dann wendet er sich um und rennt auf die Wand zu. Seine Odyssee beginnt. Er bricht durch die Wand hindurch und rennt unverletzt weiter. Wieder springt er durch Mauern. In einer anderen Kameraeinstellung sehen wir, dass eine junge Frau parallel zu ihm läuft und ebenfalls durch Wände bricht. Die beiden sehen sich an, während sie ruhig gehen, um wieder zu Atem zu kommen und sich auf die nächste Station der Reise vorzubereiten. Sie rennen los, springen durch eine weitere Wand und jagen so schnell sie können jeweils einen mächtigen Baumstamm entlang. Sie springen ins Nichts, in den Himmel – wobei sie mit Armen und Beinen in der Luft rudern. Texteinblendung: »Levi's engineered Jeans. Freedom to move.« Logo: Levi's.

tinyurl.com/levis-odyssey

Der Film von BBH dramatisiert Bewegungsfreiheit. Die beiden Reisenden überwinden auf ihrer Odyssee Hindernisse, um am Ende völlig frei zu sein.

Afri Cola: Welt der Liebe. Off-Sprecher, während im Hintergrund Frauen und Männer lieblich singen und summen: »Ich wünsche mir eine Welt, die nicht rund ist, sondern herzförmig. Eine Welt, in der die Menschen für ihre Nachbarn heimlich Lottoscheine ausfüllen. In der auf Straßenschildern nicht ›Stop‹ steht, sondern ›Bitte Stop‹. Eine Welt, in der man sich stundenlang mit der Frau von der Auskunft unterhalten kann. Ja – und in der man den Müllmännern kleine Geschenke auf die Trommel legt.
Eine Welt, in der die Menschen nicht mit Schimpfworten um sich werfen, sondern mit Blumen. In der Ärzte ihre Patienten anrufen, nur um gute Besserung zu wünschen.

Eine Welt, in der man 100-Mark-Scheine herumliegen lassen kann – ohne dass sie geklaut werden. In der man wildfremden Leuten am Samstag das Auto wäscht. Eine Welt, in der Kinder und Kampfhunde friedlich miteinander spielen und dabei summen: Habt Euch lieb und werdet durstig. Afri Cola.« Agentur: Jung von Matt. Best of 10 Jahre Ramses.

Dramatisiere die Begehrlichkeit des Produkts

Ebenfalls in Schublade 4 passt der Mechanismus, die Begehrlichkeit des Produkts zu dramatisieren. So gab es zum Beispiel eine bekannte Kampagne von Young & Rubicam, in der der Camel-Mann mit löchrigen Schuhen erklärte: Ich geh meilenweit für Camel Filter. Er schlägt sich durch den Dschungel, Wüsten und Steppen, damit er am Ende nach vielen, vielen Meilen seine geliebte Camel Filter rauchen kann. Quasi als Beweis legt der Mann die Füße hoch und zeigt – lässig rauchend – seine löcherigen Schuhe. Begehrlichkeit pur.
In den Motiven werden noch Gründe angeführt, warum die Zigarette so toll ist: »Groß im Geschmack – angenehm mild im Rauch. Wann gehen Sie los?« Das ist zwar etwas oberflächlich, aber besser als nichts. Begehrlichkeitswerbung wird oft für Modeartikel eingesetzt. Beim Ausdenken kann man nach dem gewohnten Prinzip vorgehen:

- Diese Schuhe sehen so fantastisch aus, dass ...
- Diese Sonnenbrille ist so schick, dass ...
- Das Kleid ist so hinreißend, dass ...

Ideenschublade 5: Das Irrationale und Irritierende

Irrationales wirft Fragen auf. Der Betrachter wird gestoppt und angeregt, nach Antworten zu suchen. Aber diese Antworten müssen sofort kommen. Kein Mensch hat Lust, sich lange mit Werberätseln zu beschäftigen.

BMW: Traum. Visual: BMW Z4. Headline: »Wie kann man von etwas träumen, das einen nicht schlafen lässt?« Subline: »Der BMW Z4. Die Summe aller Sinne.« Logo und Claim: »BMW. Freude am Fahren.«

Geo: Zuhause bleiben. Visual: Ein Stapel Geo-Hefte. Headline: »Lernen Sie die Welt kennen. Bleiben Sie zu Hause.« Logo: Geo.

Sixt: Neid und Missgunst. Visual: Mercedes SL 500. Headline: »Neid und Missgunst für € 99,–/Tag.« Subline: »Mieten Sie den neuen Mercedes SL 500 mit 306 PS inclusive 100 km.«

Das Prinzip »Das Irrationale und Irritierende« als Bildidee: Das »Hä?«-»Ach so!«-Schema

Zahlreiche Cannes-Gewinner folgen dem »Hä?«-»Ach so!«-Schema. Das Bild stoppt den Betrachter, indem es Verwunderung auslöst (Hä?). Der Text bzw. das Absender-Logo löst dann schnell und einfach auf, wie das Bild zu verstehen ist (Ach so!).

Matchbox: Highway. Visual: Ein kleiner Junge sitzt lässig am Steuer eines Autos und fährt über einen Highway. Logo: Matchbox.

Al Ain: Nilpferd. Visual: ein schlafendes Nilpferd. Es trägt eine Schlafbrille. Headline: »Now open till midnight.« Logo und Claim: »Al Ain. Desert wildlife park.«

Harvey Nichols: Behave. Visual: ein elegantes Kleid auf einem Kleiderständer. Es ist mehrfach zerrissen. Text: »This dress was jointly purchased by six women. SALE. Harvey Nichols. Behave.«

New Zealand Government: Unfallbett. Visual: Ein Bett ist wie ein Auto gegen einen Baum geprallt und ist demoliert. Auf einem Kissen sieht man Blut. Headline: »Sleep before you drive.« Copy: »Land Transport NZ and NZ Police. New Zealand Government.«

Was haben diese Motive gemeinsam? Sie irritieren. Und zwar durch das Bild. Der Betrachter wird gestoppt. »Hä?«, fragt er sich und schaut auf das Nilpferd

mit der Schlafbrille: »Was soll das denn?« »Ach so!«, denkt er sich dann, wenn er die Auflösung liest.
Das Bild muss den Betrachter anspringen. Es muss so plakativ und reduziert wie möglich sein. Die Auflösung muss schnell gehen und ohne Umwege zur Sache kommen. Niemand hat Lust, sich lange mit Werbung zu beschäftigen und das Rätsel zu lösen: »Was will uns diese Werbung sagen?« Frage dich bei dieser Technik, wie man die Botschaft jemandem vermitteln könnte, der nicht lesen kann. Diese Art der Kommunikation nennt man *brasilianische Werbung* (weil die Brasilianer oft großartige Ideen entwickeln, die weitgehend ohne Text auskommen). Sie ist visuell, einfach und schnell.
Die Gestaltung orientiert sich an dem Schema *großes Bild, kleiner Text*. Das Bild sieht der Betrachter zuerst, es trägt die Idee und hat die Kraft, den Betrachter zu stoppen. Den Text brauchen wir erst im zweiten Schritt, um aufzulösen, was das Ganze soll. Deshalb wird der Text nicht groß dargestellt, sondern bewusst klein. Reduktion erhöht die Wucht des Bilds. Versuche, alle Elemente wegzulassen, die man nicht braucht, um die Idee zu verstehen. Auf diese Weise wirken die wenigen verbliebenen Elemente dann umso stärker. Hinterfrage jedes einzelne Element.
Die Schublade, bei der wir gerade sind, hat besonders bei Bildideen großes Potenzial. Du kannst sie dir wie eine Brücke zwischen Logic und Magic vorstellen. Die magische Seite, das ist das Bild. Die logische Seite, das ist die Auflösung durch Text bzw. Logo.

»Building great brands is a mix of magic and logic, a blend of art and science.«[24]

Keith Weed, Chief Marketing and Communication Officer at Unilever

Es gehört zu den Privilegien eines Kreativen, dass er sich auf der magischen Seite austoben darf. Je verrückter, desto wirksamer. Das ist die Macht, die Werbung hat. Wir können zaubern – um die Menschen zu verzaubern. Wir können Dinge erfinden, die noch nie jemand gesehen hat. Aber wir müssen es schaffen, dem Ganzen einen rationalen Sinn zu geben. Schließlich geht es am Ende darum, einen Punkt für das Produkt bzw. die Dienstleistung zu machen.

24 Wilson, Jeremy: The 50 Best Quotes From 2014 Cannes Lions Festival of Creativity. In: Huffington Post, 20.7.2014.

Deutsche sind gerne rational, logisch und überzeugend. Keine gute Voraussetzung für überraschende, unterhaltsame Werbung. Uns Deutschen fällt es schwer, uns vom rationalen Denken zu lösen. Unsere Erziehung hat uns darauf konditioniert, die Phantasie zu vernachlässigen und alles rational zu sehen. Als Kreativer musst du wieder lernen, deiner Phantasie freien Lauf zu lassen.
Irrationale Ideen und Geschichten sind Publikumsmagneten. Das Rationale kennen die Leute selbst. Viel interessanter sind also Geschichten, mit denen sie in eine unbekannte Welt eintauchen. So wie bei Matrix zum Beispiel, Spiderman, X-Men, Timm Thaler, dem Jungen, der sein Lachen verkaufte, oder dem seltsamen Fall des Benjamin Button, dessen biologische Uhr rückwärts tickt.

Das Prinzip »Das Irrationale und Irritierende« bei Bewegtbild

Auch bei Filmen spielen die Kreativen mit dem Irrationalen, um die Aufmerksamkeit der Zuschauer zu erregen. Das Publikum soll aufwachen und sich fragen, was das Ganze soll.

Diesel: Be stupid. Die Londoner Agentur Anomaly hat für Diesel den Schlachtruf *Be stupid* kreiert. Das ist auf den ersten Blick irritierend, denn wer möchte schon dumm sein? Ein radikaler Ansatz, der eine ebenso spannende Auflösung braucht. Und die liefert die Diesel-Philosophie: »Smart has the plans, stupid has the stories. Smart may have the brains, but stupid has the balls. Stupid might fail. Smart doesn't even try.«

tinyurl.com/diesel-be-stupid-1

Thomson: Simon the Ogre. Die britische Agentur BMB sollte für TUI Travel UK and Ireland deutlich machen, dass man sich als gestresster Berufstätiger nach einem Thomson-Urlaub richtig erholt fühlt. Theoretisch hätten die Kreativen einfach einen gestressten Mann zeigen können, der mit seiner Familie in den Urlaub fliegt und sich immer wohler und entspannter fühlt. Das wäre richtig – aber nicht richtig gut. BMB veranschaulichte den gestressten Mann mit einem Oger – einer Phantasiefigur, die an einen tollpatschigen, grobmotorischen, aber liebenswerten Riesen erinnert.
Das ist ein Störer, ein Hingucker. Erst im Urlaub entwickelt sich der Oger zurück zu einem normalen Familienvater. Eine wunderbar erzählte Geschichte, die in Cannes mit einem silbernen Löwen ausgezeichnet wurde.

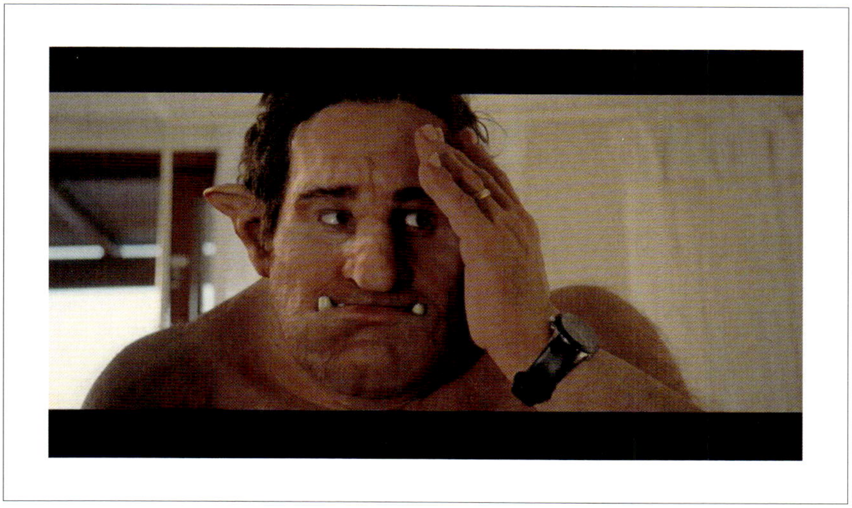

tinyurl.com/thomson-ogre

Snickers: Joan Collins. Der großartige Joan-Collins-Spot für Snickers von der britischen Agentur AMVBBDO brachte die »Du bist nicht du, wenn du hungrig bist«-Kampagne nach Großbritannien.
Im Film steht die britische Schauspielerin Joan Collins in einer Männerumkleidekabine und benimmt sich wie eine Diva. Das ist irritierend, ein starker Störer. Erst als sie ein Snickers isst, verfliegt ihr Hunger und sie wird wieder zu einem Mann. Auflösung: Du bist nicht du, wenn du hungrig bist. Snickers.

tinyurl.com/snickers-changing

Das Prinzip »Das Irrationale und Irritierende« bei einem Funkspot

Im Radio geht es bei diesem Prinzip darum, die konventionellen Hörgewohnheiten zu brechen. Das Publikum soll sich denken: »Moment mal, wie bitte? Ich hör wohl nicht richtig? Da stimmt doch was nicht.« Der Hörer wird aufmerksam und hört weiter zu. Und zwar so lange, bis die Auflösung kommt und er versteht, was das Ganze soll. Allzu lange sollte man diese Auflösung aber nicht hinauszögern, sonst springt der Hörer ab.

McDonald's: Der Präsident. Sprecher: »Kann man schon sagen, dass das Blau jetzt der Vorgesetzte von den anderen Farben ist, gell, und die müssen parieren, das Rot und das Gelb und das Grün. Das Blau ist der Präsident, gell.« Off-Sprecher: »Nicht alle Tassen im Schrank? Dann stellen Sie doch Gläser rein! Jetzt bei McDonald's. Neu und nur für kurze Zeit – auch das blaue Coca-Cola-Glas – gratis zum McMenü.« Die Arbeit der Agentur Heye & Partner erhielt eine ADC-Auszeichnung.

Variante 1: Die irritierende Vermischung zweier Dinge

Man vermischt zwei Dinge, die nichts miteinander zu tun haben, zu einem irritierenden Ganzen. Diese Konstruktion ist seltsam und entfaltet dadurch Stopping-Power. Das Publikum wird darauf aufmerksam und möchte wissen, was das Ganze soll. Am Ende kommt die Auflösung.

Blaupunkt-Funkspot: Rock. Wir hören eine Rockband. Der Sänger grunzt über harten Gitarren-Sound: »Die Route wird berechnet. Dem Straßenverlauf weiter folgen. Nach hundert Metern links abbiegen. Sie haben das Ziel erreicht.« Off-Sprecher: »Navi und mp3 in einem. Die neue Navi-Generation von Blaupunkt.« Für die Idee von Jung von Matt gab's Silber beim ADC.

OroVerde: Kampf um den Regenwald. In dieser Printkampagne sieht man Tiere im Regenwald, die als Soldaten verkleidet sind. Die Auflösung wird im Stil eines Nachrichtensenders eingeblendet: »Kampf um den Regenwald. Live. Natur leistet verzweifelten Widerstand. Feind hinterlässt verbrannte Erde. Hilfe dringend benötigt: OroVerde – Die Tropenwaldstiftung *www.oroverde.de*«. Die Arbeit von Ogilvy gewann einen Cannes-Löwen in Bronze.

Variante 2: Die Anti-Haltung

Der Horror jeder Frau: Auf einer Party trägt eine andere Frau das gleiche Kleid. OMG! Wir Menschen betonen gern unsere Individualität, wollen etwas Besonderes sein und uns vom Mainstream abgrenzen. Der frühere Apple-Claim »Think different« greift dieses Bedürfnis auf.

Als in den USA die »Think big«-Philosophie galt, kam Volkswagen mit »Think small« daher. Eine Aussage, die irritiert, weil sie die Konventionen auf den Kopf stellt. Diese unangepasste, rebellische Anti-Haltung ist für bestimmte Zielgruppen attraktiv. Zum Beispiel für Kreative. »It's more fun being the pirate than the Navy«, lautet etwa das Mantra der US-Agentur TBWA Chiat Day. Und – wir erinnern uns – BBH sagt: »When the world zigs, zag.«

»Creative destruction is the breaking down of old habits and practices that, in turn, create new and more powerful means of expressions.«

John Hegarty, BBH

Ideenschublade 6: Spannende Perspektive

Altbekanntes wird neu und überraschend anders gesehen. Durch eine andere Betrachtungsweise erscheint vieles interessanter.

Porsche: Familienauto. Visual: Porsche. Headline: »Sie können länger frühstücken. Sie sind früher zum Abendessen zurück. Gibt es ein besseres Familienauto?«

JvM: Schnellster Weg. Visual: Typo. Headline: »Der schnellste Weg zu Springer & Jacoby.« Logo: Jung von Matt.

Hornbach: Muskeln weinen. Visual: Ein Mann mit einer Schubkarre auf einer Baustelle. Headline: »Schweiß fließt, wenn Muskeln weinen.« Logo und Claim: »Hornbach. Es gibt immer was zu tun.«

Manchmal passen Headlines in mehrere Schubladen. »Nietzsche is dead. God« haben wir bereits beim 180-Grad-Dreh kennengelernt. Die Zeile passt aber auch in die Schublade *spannende Perspektive*, weil der Texter aus der Perspektive Gottes schreibt. Das ist spektakulär.

Die Kampagne von Ogilvy & Mather Singapore wurde mit Gold in Cannes ausgezeichnet. Hier zwei weitere Motive aus der Serie.

Churches Of The Love Singapore Movement: Rules. Visual: Typo. Headline: »I hate rules. That's why I only made ten of them. God.«

Churches Of The Love Singapore Movement: Ad. Visual: Typo. Headline: »What do I have to do to get your attention? Take out an ad in the paper? God.«

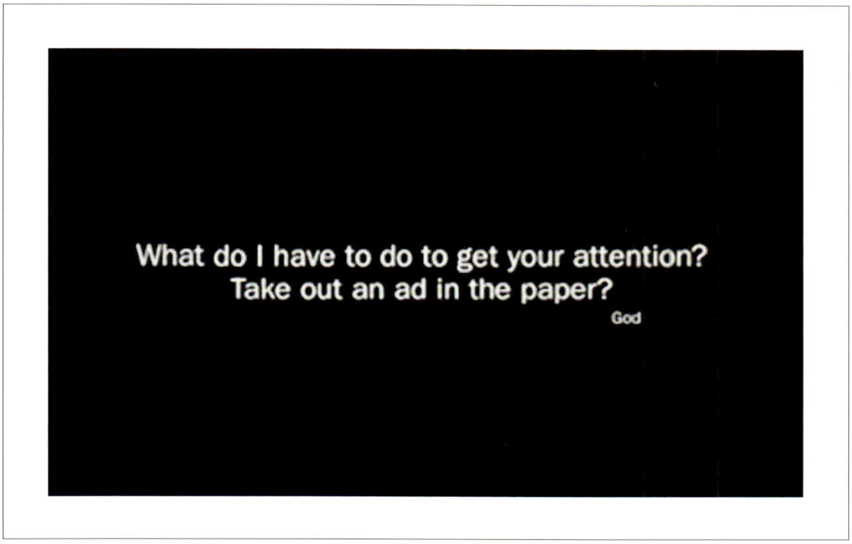

Variante: Die Produktperspektive

Man kann auch die Perspektive des Produkts einnehmen und das Produkt erzählen lassen.

Ludwig Beck: Auge. Visual: Typo. Headline: »Ich bin Dein Auge.« Copy: »Ich sehe bunte Kugeln, Kerzenlicht und glitzerndes Lametta. Dann entdecke ich Glühweinbuden und Lebkuchenstände und ärgere mich ein bisschen, dass ich nicht Dein Mund bin.« Abbinder: »Erleben Sie den Weihnachtsmarkt im Kaufhaus der Sinne.« Logo: Ludwig Beck.

National Newspapers of Ireland: Full Page. Visual: Typo. Copy: siehe Abbildung. Die Kampagne der Agentur Chemistry, Dublin, wurde in Cannes mit Gold ausgezeichnet.

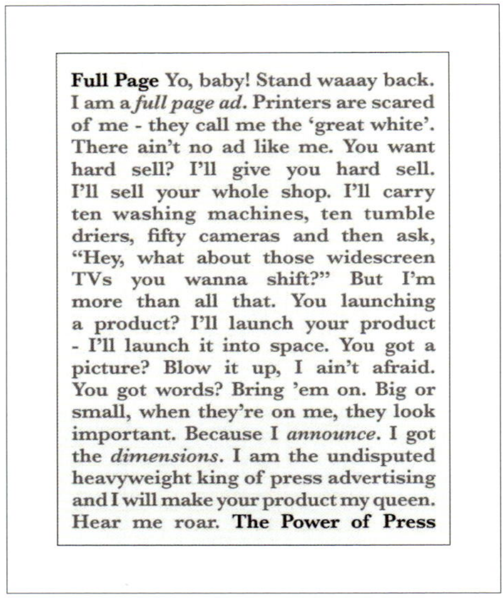

Das Prinzip »spannende Perspektive« in der Bildidee

Der Kreative zeigt etwas Bekanntes, interpretiert es aber so um, dass es eine neue Bedeutung erhält. Er sieht es aus einer neuen, überraschenden Perspektive.

Burger King: Fiery Fries. Visual: Ein langes Stück Pommes hat an einem Ende einen Klecks Ketchup abbekommen. So erinnert es an ein Streichholz. Text: »Fiery Fries.« Logo: Burger King.

Etwas Bekanntes bekommt hier durch die Inszenierung eine zweite Bedeutungsebene: Fiery = die Pommes sieht aus wie ein Streichholz, Fries = Pommes.

Albert Nolten: Handmade shoes. Visual: Eine Hand ist so fotografiert, dass sie an einen hochhackigen Damenschuh erinnert. Der Daumen bildet den Absatz, die übrigen Finger den Vorderteil des Schuhs. Text: »Handmade shoes.« Logo: Albert Nolten Shoes. Auch hier bekommt etwas Bekanntes durch die Inszenierung eine zweite Bedeutungsebene: Handmade = Hand, shoes = die Hand sieht aus wie ein Schuh. Die Auflösungstexte machen präzise ihren Job. Sie geben die beiden Bedeutungsebenen wieder.

Solidary Doctors: People are all the same. In der Motivreihe von Salles D'Arcy sieht man jeweils zwei Menschen. Ein Ober serviert einem anderen Mann ein Glas Wein. Ein Schuhputzer poliert einem anderen die Schuhe. Ein Mann kehrt Dreck auf, während ein anderer mit Aktenkoffer vorbeigeht Das Besondere daran: Die Menschen sehen aus wie in einem medizinischen Lehrbuch. Sie tragen keine Kleidung, sondern sind mit ihren Muskeln oder ihrem Herz-Kreislauf-System dargestellt. Auflösung: »Under the eyes of a Solidary Doctor, people are all the same.«

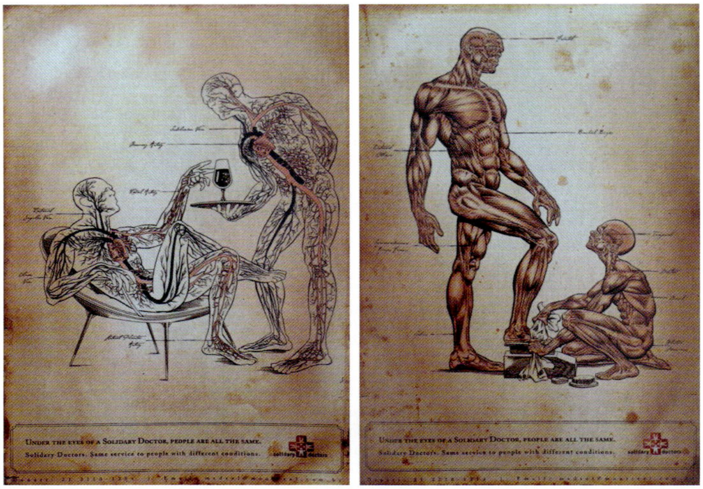

Das Prinzip »spannende Perspektive« bei Bewegtbild und Radio
Gerade bei Filmen bietet es sich an, eine Geschichte mit neuen Augen zu betrachten. Statt etwa einen Fußballspieler zu zeigen, kann die Kamera auch in seine Rolle schlüpfen und die Szenen aus seiner Perspektive darstellen. Im Radio ist der Perspektivwechsel nicht so einfach, man sieht ja nichts. Das heißt, die Kreativen müssen einen Weg finden, um deutlich zu machen, wer im Spot die Geschichte erzählt.

Ikea: Playin' with my friends. Die Agentur Mother betrachtet eine Partygesellschaft durch die Augen eines kleinen Mädchens. Dadurch werden die Erwachsenen in gigantisches Spielzeug verwandelt. Die Erwachsenen und Kinder stellen die Ikea-Produkte so zusammen, dass am Ende alle am gedeckten Tisch sitzen und essen können. Erst als alle beisammensitzen, verwandeln sich der riesige Teddybär, der Roboter, die Actionfigur, die Puppe und der Affe zurück in Erwachsene. Der Film wurde in Cannes mit Gold ausgezeichnet.

Hornbach: Blixa Bargeld. Blixa Bargeld ist Frontmann der Band Einstürzende Neubauten. Deshalb ist es amüsant, ihn aus einem Hornbach-Prospekt vorlesen zu lassen. Agentur: Heimat.

tinyurl.com/hornbach-blixa

tinyurl.com/Ikea-playing

Ideenschublade 7: Das Prinzip

Ein einfacher Vergleich macht Komplexes anschaulich. Man arbeitet das Prinzip heraus, das dem Produkt oder dem Service zugrunde liegt. Dieses Prinzip setzt man dann in einen anderen Zusammenhang. Oft ist das ein zwischenmenschlicher Kontext, weil das emotional und nachvollziehbar ist. Klingt schwierig, oder? Schauen wir uns am besten zwei konkrete Beispiele an, dann wird es deutlicher:

Funkspot Volkswagen: Ring. Soundeffekt: schluchzende, heulende Frau. Frau, verzweifelt: »Du bist so ein Mistkerl. Mit meiner eigenen Mutter!« Mann, trocken: »'tschuldigung. Hier: Ring. Heirat in vier Wochen.« Frau, gefasst: »Wirklich? Wie süß!« Off-Sprecher: »Mit wenig Energie viel erreichen. Das TDI-Prinzip. Volkswagen. Aus Liebe zum Automobil.« Der Spot der Agentur Grabarz & Partner wurde beim ADC mit Bronze ausgezeichnet.
Der Ausgangspunkt für den Spot ist ein TDI-Motor von Volkswagen. Der Kunde möchte kommunizieren, dass seine TDI-Motoren sich durch eine besonders hohe Durchzugskraft (Drehmoment) auszeichnen, dabei aber trotzdem nur wenig Kraftstoff verbrauchen. Das Prinzip, nach dem das Produkt funktioniert, lautet also: hohe Leistung, geringer Verbrauch. Der Texter spielt nun mit dieser

Aussage herum, er dreht und wendet sie und drückt sie schließlich so aus: Mit wenig Energie viel erreichen.
Nun kann man versuchen, diese Aussage direkt am Produkt zu zeigen. Im Radio allerdings lohnt es sich, vom Produkt auch mal radikal wegzugehen und nur das Prinzip zu inszenieren, um das es geht. Der Kreative denkt sich hier: Okay, eine passende Geschichte könnte sein, dass ein Mann seine Frau betrügt. Sie rastet aus. Er wirft ihr nur ein paar Worte hin, spricht von Heirat – und schon ist sie besänftigt.
Jetzt muss der Texter noch ein bisschen am Spot schrauben. Die Fallhöhe ist größer, wenn der Mann im Spot die Frau mit ihrer eigenen Mutter betrogen hat. Umso amüsanter ist es, wenn sie der Mann in Sekundenschnelle mühelos beruhigt und sie am Ende wieder in ihn verliebt ist. Ein radikaler Stimmungsumschwung in wenigen Sekunden.
Der Funkspot erzählt das Prinzip *Mit wenig Energie viel erreichen*. Das hat zunächst noch gar nichts mit dem Motor zu tun, sondern dient allein dem Zweck, Aufmerksamkeit zu erregen und das Prinzip darzustellen. Erst ganz am Ende gibt es eine Brücke zum eigentlichen Produkt. Diese Brücke ist eben das »TDI-Prinzip«. Es muss in beide Richtungen funktionieren und zur Geschichte passen, aber ebenso auch zum Motor. Am Ende erzählt der Spot also eine emotionale, dramatische Geschichte, die das TDI-Prinzip anschaulich erklärt.

Funkspot Volkswagen: Eis. Mann, in normalem Tonfall: »Das ist mein Eis.« Mann, etwas lauter, leicht genervt: »Das ist mein Eis!« Mann, schreit, fast hysterisch: »Das ist mein Eis!!« Off-Sprecher: »Von 0 auf 100 in 6,5 Sekunden. Der neue Golf R32. Jetzt Probe fahren bei Ihrem Volkswagen-Händler. Volkswagen. Aus Liebe zum Automobil.«
Der Spot von DDB Berlin erhielt eine ADC-Auszeichnung.
Auch hier wird das Prinzip *Von 0 auf 100 in 6,5 Sekunden* zunächst mit einer dramatischen Situation dargestellt. Erst dann kommt der Übergang zum Produkt, und die Geschichte wird auf den Golf R32 bezogen.

»Creativity is like peace.
Everybody wants it, everybody
seems to have some ideas about it,
but nobody seems able to produce it.«

The Harvard Business Review

Ideenschublade 8: Wortspiele

Moment mal. Habe ich das jetzt wirklich geschrieben? Eine Schublade mit Wortspielen? Ernsthaft? Habe ich den Verstand verloren? Will ich den kreativen Nachwuchs ins Verderben und Werbedeutschland ins Unglück stürzen?
Wortspiele sind ein schwieriges Thema. Gegen ein Wortspiel spricht, dass ein interessanter Gedanke intelligenter und souveräner ist. Wenn man sich die Arbeit mit Wortspielen angewöhnt, hat man es zudem auf internationalen Etats schwer. Denn deutsche Wortspiele funktionieren nun mal kaum in einer anderen Sprache.
Diesen Nachteilen steht ein Vorteil gegenüber. Viele Menschen lieben Wortspiele. Sie finden das einfallsreich. Zudem haben Wortspiele oft den Vorteil, dass man sich in den Texten sehr kurz und plakativ halten kann.
Meine Meinung: Wenn man sehr wenig Platz hat und die Wortspieltonalität zur Marke passt, kann man durchaus ein intelligentes Wortspiel bringen. Sich zum Wortspielfachmann zu entwickeln, ist dagegen eine echte Karrierebremse. Mit solchen Beispielen in der Mappe hat man es schwer.

Mercedes-Benz: Tankwart. Visual: Multipicture. Ein Tankwart wartet an seiner Zapfsäule – immer gelangweilter. Headline: »Tankwart und wart und wart und wart.« Logo und Claim: »Mercedes-Benz. Ihr guter Stern auf allen Straßen.« Agentur: Springer & Jacoby.

Mercedes-Benz: Legendewagen. Visual: G-Klasse. Headline: »Legendewagen.« Subline: »Die neue Generation der G-Klasse.« Agentur: Jung von Matt.

Mercedes-AMG: Thunderstatement. Visual: CL 63 AMG. Headline: »Thunderstatement.« Subline: »CL 63 AMG. The Principle of Leadership. With the world's most efficient V8 biturbo.« Agentur: Jung von Matt.

Mey: Allerwertlosester. Visual: der Hintern eines Mannes in Mey-Unterwäsche. Headline: »Ohne Mey wäre es nur Ihr Allerwertlosester.« Agentur: Jung von Matt.

McDonald's: Hellas Wahnsinn. Visual: ein Burger. Headline: »Hellas Wahnsinn!« Subline: »Neu. McKropolis nur DM 3,95.« Agentur: Heye & Partner.

Die Ideenschublade »Wortspiele« für Kampagnen einsetzen

Die folgenden Ideen zeigen, dass man mit Wortspielen auch interessante Kampagnen gestalten kann.

DHL: Schnellste Verbindung. Auf einem DHL-Transporter steht: »Shanghui.« Subline: »DHL – die schnellste Verbindung nach Fernost.« Agentur: Jung von Matt.

BMW: Verdichtete Intensität. Visual: BMW 1er Coupe. Headline: »Adrnln.« Subline: »Verdichtete Intensität. Das neue BMW 1er Coupe.« Agentur: MAB. Weitere Headlines sind zum Beispiel:

Die Ideenschublade »Wortspiele« für Funkspots einsetzen

Hier ein Beispiel für einen Funkspot, der auf einem Wortspiel basiert.

Metabo BHE 20 Compact-Hammer« SFX, Soundeffekt: Blasmusik. Off-Sprecher: »Dienstag, 7 Uhr 21. Nürtingen, Baden-Württemberg. Qualitätskontrolle bei Metabo.« Ingenieur 1, mit stark schwäbischem Akzent: »So, was hammer denn da für'n Hammer?« Ingenieur 2, ebenfalls mit stark schwäbischem Akzent: »Den BHE 20 Compact-Hammer hammer.« Ingenieur 1: »Hammer da auch nix vergessen?« Ingenieur 2: »Hammer net!« Ingenieur 1: »Hammer genug Kraft?« Ingenieur 2: »Hammer!« Ingenieur 1: »Hammer Staubabsaugung?« Ingenieur 2: »Hammer!« Ingenieur 1: »Hammer XXL-Garantie?« Ingenieur 2: »Klar, hammer!« Ingenieur 1: »Schlagstopp, hammer?« Ingenieur 2: »Hammer!« Ingenieur 1: »Was hammer noch?« Ingenieur 2: »Ähh – den Hammer hammer extrem leicht gemacht!« Ingenieur 1: »Hammer?« Ingenieur 2: »Ja, hammer!« Ingenieur 1: »Hammer dann alles?« Ingenieur 2: »Hammer!« Off-Sprecher: »Viel Hammer, wenig Gewicht! BHE 20 Compact, der neue Bohrhammer von Metabo. Metabo. Work. Don't play.« Ingenieur 1: »Hammer jetzt Pause?« Ingenieur 2: »Jaja, hammer!«
Der Funkspot von RTS Rieger Team wurde beim ADC mit Silber ausgezeichnet. Hammer.

Die Ideenschublade »Wortspiele« für Bewegtbild einsetzen

Wortspiele funktionieren auch in Filmen. Meistens ist es der Dreh- und Angelpunkt einer Geschichte, die eine humorvolle Wendung erfährt, weil jemand das Wort falsch versteht.

Berlitz: German Coast Guard. Ein junger Küstenwächter wird am Funkgerät eingewiesen. Und tatsächlich: Prompt geht ein Notruf ein. »Mayday! We are sinking. We are sinking«, kommt es eindringlich aus dem Funkgerät. »Hello!«, meldet sich der junge Mann mit starkem deutschen Akzent: »This is the German Coast Guard. What are you thinking about?« Texteinblendung: Improve your English. Logo und Claim: »Berlitz. Language for life.«

tinyurl.com/berlitz-coastguard

Variante: Doppeldeutigkeiten

Manche Worte haben mehr als eine Bedeutung. Das kann man nutzen. Aussagen bekommen so eine zweite Ebene. Achte darauf, dass die Aussage auf beiden Ebenen Sinn macht. Wenn der Satz nur auf einer Ebene Sinn ergibt, ist die Idee noch nicht ganz rund.

Mey: Waschbrett. Visual: Ein Mann mit Sixpack trägt einen Mey-Slip. Headline: »Ein Waschbrett und etwas Wäsche – was gibt es Schöneres für Frauen?« Logo und Claim: »Mey. Fine Bodywear.«

Niedersachsen: Messe. Visual: Typo. Headline: »Mag sein, dass Bayern katholischer ist. Aber bei uns gehen mehr zur Messe.« Logo und Claim: »Niedersachsen. Sie kennen unsere Pferde. Erleben Sie unsere Stärken.« (Anmerkung: Im Logo ist ein Pferd abgebildet.)

Ideenschublade 9: Misleading

Der Zuschauer wird auf eine falsche Fährte gelockt. Am Ende kommt es anders als gedacht. Es gibt eine Überraschung, die mit der Werbebotschaft zu tun hat.

Axe: Destiny. Der Film erzählt die Geschichte zweier Seelenverwandter und von dem Tag, an dem sie das Schicksal zusammenführt. Der Film zeigt, wie die beiden attraktiven, jungen Singles in den Tag starten. Dabei ergeben sich erstaunliche Parallelen. Das beginnt schon damit, dass sich beide nach dem Aufstehen mit einem Fuß am Bein kratzen. Beide frühstücken das gleiche Müsli, schauen dabei das gleiche Fernsehprogramm und verabschieden sich von einem kleinen Hund, als sie ihre Wohnung verlassen. Sie sitzen beide gedankenverloren in einem Café und lesen das gleiche Buch.

Über ihren Bildern liegt eine harmonische, schöne Musik. Ihre Aufnahmen werden jetzt immer wieder von kurzen Szenen gestört, in denen ein anderer junger Mann zu sehen ist. Er verwendet Axe. Schließlich laufen die beiden Seelenpartner an einer Straßenecke von beiden Seiten aufeinander zu. Unmittelbar bevor sie sich über den Weg laufen, tritt der dritte junge Mann aus der Türe und genau zwischen sie. Er geht an der Frau vorbei, sie dreht sich aufgrund seines betörenden Dufts nach ihm um und übersieht dadurch ihren Seelenpartner. In der nächsten Szene sehen wir, wie die beiden miteinander ins Gespräch kommen, während der Seelenpartner weitergeht. Textchart: »So sorry destiny.« Packshot: Axe.

Der Film von Unilever und der Agentur Ponce, Buenos Aires, hat in Cannes Bronze gewonnen.

tinyurl.com/axe-destiny

K-fee: So wach warst du noch nie. In den K-fee-Filmen wird der Zuschauer erst von einer ruhigen, schönen Atmosphäre eingelullt. Ein Auto kurvt zu entspannter Musik über eine Serpentinenstraße in einer schönen, grünen Landschaft. Oder: Wir sehen einen schönen Strand. Plötzlich bricht ein Wesen ins Bild, das aussieht wie ein Wilder, und schreit den Zuschauer laut an: »Waaaahaaaaa!«

»So wach warst du noch nie« wird eingeblendet. Packshot: »K-fee. Kaffee in hohen Dosen.« Agentur: Jung von Matt.

tinyurl.com/k-fee-wach

Diesel: Little Rock. Der Film von Paradiset DDB erzählt von einem Westernduell. Der Gute tritt gegen den Bösen an. Klar, dass am Ende der Gute gewinnen wird. Denkt der Zuschauer. Umso überraschender ist es, wenn am Ende der Böse triumphiert und den Guten erschießt. Botschaft: »Diesel: For successful living.« Die Cannes-Jury hat der Twist überzeugt. Der Film erhielt einen Grand Prix.

tinyurl.com/diesel-little-rock

Deutsche Bahn: Wann? In einer Anzeige heißt es: »Wann kommt die Bahn pünktlicher? Wann gibt's Tarife, die jeder versteht? Wann gibt's modernere Züge und Bahnhöfe? Wann sind Sie eigentlich das letzte Mal Bahn gefahren? Steigen Sie ein. Am Bahnhof in Ihrer Nähe, über die Reisebüros mit DB-Lizenz oder unter *www.bahn.de*.« Agentur: Jung von Matt.

Ideenschublade 10: leer

Diese Schublade lassen wir leer und schreiben darauf: Hey, denk nicht nur in Schubladen! Mach lieber mal was Neues. Schließlich geht es darum, ganz neue Wege zu gehen. Schubladen helfen nur bei den ersten Schritten.

KAPITEL 8
ACH DU LIEBE COPY

Nachdem wir in den zehn Schubfächern einiges über Headlines erfahren haben, machen wir nun den nächsten Schritt. Jetzt schauen wir uns das Thema Copy an, also den Fließtext.
In den Anfängen der Werbung bestanden Anzeigen zum Großteil aus Text. 1970 hatte die durchschnittliche Automobilanzeige 290 Wörter.[25] Heute sind es 35 Wörter. Schon nach wenigen Sätzen verweisen die Marken aufs Web. Lange Texte sind aber nicht tot. Sie finden nur woanders statt: Zum Beispiel in Broschüren, Kundenmagazinen, im Unternehmensblog, auf der Website, in Briefen oder E-Mailings.
Manche Texter legen allein Wert auf die Headline und vernachlässigen die Copy. Nach dem Motto: Die Copy liest doch eh keiner. Nun, wenn man sich damit keine Mühe gibt, kann das durchaus richtig sein.
Eine Copy müssen wir aber als ein wichtiges Element guter Werbung sehen. Damit sie funktioniert, sollte Einiges beachtet werden. Was, schauen wir uns jetzt an.

»Believe, really believe, that every word you write will be read and you'll write better.«

Jim Durfee

25 Unterbezahlt zu sein ist ein Supergefühl. In: Die Zeit, Nr. 26/2001, 21.6.2001.

Der Weg zur guten Copy

Ich empfehle, erst die Copy zu schreiben, wenn der Kunde die Headline freigegeben hat. Kundenberater haben damit manchmal ein Problem. Schließlich hat der Kunde doch beides bestellt: Headline und Copy. Aber es ist effizienter, erst die Headline abzustimmen. Denn welchen Verlauf die Copy nimmt, hängt von der Headline ab. Eine Copy, die sich nicht an der Headline orientiert, ist nicht richtig maßgeschneidert.

Was ist eine Copy?

Eine Copy ist wie ein Mensch, der mit dem Leser spricht. Hallo, du! Ja, du, lieber Leser, ich spreche mit dir. Ich, der Autor dieses Buchs, sitze hier an meinem Schreibtisch, nippe an einer leckeren, sehr heißen Tasse grünem Tee und tippe den Satz mit einem Finger zu Ende. Du liest, was ich schreibe. Die Sätze auf dem Papier stellen eine Verbindung zwischen uns her. Es ist, als ob ich mit dir sprechen würde. Hallo, hallo! Na, alles gut? Toll, oder?

Darum geht es. Eine Copy muss dem Leser das Gefühl geben, dass sie von einem Menschen geschrieben wurde. Im Prinzip ist der Texter ein Ghostwriter für Marken. Und Marken, das sind Persönlichkeiten wie Menschen. Sie haben Eigenschaften und wollen dem Leser eine Geschichte erzählen.

Ein häufiger Anfängerfehler ist, nicht als Mensch zu schreiben, sondern als Bürokrat oder Roboter. Bürokraten und Robotern hört man nicht zu, Menschen schon. Also: Schreibe so, wie ein Mensch spricht.

Finde die richtige Tonalität

Am Anfang jeder Copy (und auch am Anfang jeder Headline, jedes Konzepts, jeder Idee) sollte man sich bewusst machen, wer mit wem spricht. Wer ist der Absender, wer ist die Zielgruppe? In welcher Beziehung stehen die beiden zueinander? In welcher Situation befinden sie sich? Wie spricht die Marke, wie spricht die Zielgruppe?

Die Allianz Versicherung spricht anders als KissFM, die FAZ anders als die taz. Es ist wichtig, dass man mit der Stimme der Marke spricht – niemals mit der Stimme der Agentur oder mit seiner eigenen Stimme. Man schreibt für die Marke. Die Stimme der Marke muss einheitlich, charakteristisch und wiedererkennbar sein. Die Tonalität von Sixt zum Beispiel würde ich charakterisieren als frech, respektlos, unterhaltsam, klar und direkt. Die Frage nach der richtigen Tonalität kann man mit dem Bauch manchmal besser beantworten als mit dem Kopf. Schließlich geht es bei der Tonalität um psychologisches Gespür.

Du musst wissen, wovon du schreibst

Bevor du für eine Marke in die Tasten greifst, musst du sie kennenlernen. Du musst wissen, welche Historie die Marke hat, wie ihr Geschäft funktioniert, mit welchen Problemen sie zu kämpfen hat, in welcher Situation sie sich befindet und was ihre Konkurrenz macht. Außerdem musst du die Produkte kennen, über die du schreibst. Eine Copy beginnt nicht mit dem Schreiben, sondern mit dem Sammeln von Informationen.

Klicke auf die Website des Unternehmens, besorge dir Broschüren, sprich mit jemandem aus der Fertigung. Je tiefer du dich ins Unternehmen hineinarbeitest und hineindenkst, desto besser wird die Copy. Behalte dabei Schublade 3 (gute Beobachtung) und Schublade 6 (spannende Perspektive) im Hinterkopf.

Über das Anzeigenmotiv »Unser meistgebrauchtes Ersatzteil« gibt es eine interessante Geschichte. Die Headline stammt nicht von einem Werber, sondern von einem KFZ-Meister.

Der CD, Hans-Jürgen Lewandowski, war so schlau, sich Jahre später wieder an den Satz zu erinnern und das Potenzial dieser Aussage zu erkennen:

»Mein allererstes Auto war ein feuerroter 1600er VW Variant, den mir mein Vater nach einer stolzen Laufleistung von 350 000 km überließ. Das war 1972. Danach kaufte ich mir meinen ersten Mercedes. Eine wunderschöne alte Heckflosse, elfenbeinfarben mit braunem Dach und dem weltberühmten Markenzeichen auf der Haube. Das allerdings wurde mir schon zwei Tage später geklaut. Und weil ich es einfach nicht ertragen konnte, ohne Stern durch die Gegend zu fahren, machte ich mich auf zur nächsten Mercedes-Werkstatt. Dort bekam ich für 11,85 DM einen neuen Stern und einen Spruch vom Werkstattmeister: ›Übrigens, das ist eines unserer meistgebrauchten Ersatzteile.‹ Das war 1973. Dieser Spruch ist mir sehr viel später wieder eingefallen. Das war 1989.«[26]

Und hier noch ein Tipp: Verliebe dich ins Produkt! Benutze es, betrachte es, beschäftige dich damit. Wenn du das Produkt toll findest, hast du es leichter, Werbung dafür zu machen. Entdecke seine besten Seiten.

26 Quelle: Zeitschrift persönlich, April 2000.

Du musst wissen, mit wem du sprichst

Auf die Frage *Wer ist denn die Zielgruppe?* bekommt man von Planern oft mehr Antworten, als einem lieb ist. Verdichte die Daten, Fakten, Statistiken und Auswertungen so lange, bis du einen Menschen vor Augen hast. Such dir ein passendes Foto auf Google und gib der Person einen Namen. Überlege dir, welche Geschichte er haben könnte. Welchen Hintergrund hat er, warum ist er, wie er ist. Was will er? Was bewegt ihn? Nutze dabei die Informationen, die du vom Planer erhalten hast. Statistiken über die Zielgruppe kann man erst fühlen und verstehen, wenn man sie auf einen Menschen übertragen hat.
Du hast es leichter, wenn du deinen Zielgruppenvertreter magst. Ihn für einen arroganten Idioten zu halten, bringt dich nicht weiter. Versuche, ihn ernst zu nehmen und ihn in einem positiven Licht zu sehen.

»Wir haben unsere Zielgruppe einfach als normale Menschen behandelt und das hat sich als sehr effektive Strategie erwiesen.«

Annika Viberud, Marketingleiterin Volvo-Trucks

Praxistipps für eine gute Copy

Schön, du weißt, wer mit wem spricht. Du kennst den Markt. Und du kennst das Produkt. Jetzt geht es darum, eine interessante Geschichte zu finden. Und wo finden wir diese Story? Genau, im Produkt, im Unternehmen oder beim Verbraucher.

- **Der erste Satz:** Der erste Satz ist am schwierigsten. Nimm deine zweitbeste Headline. Für eine gute Copy braucht man einen starken Anfang, ein starkes Ende und möglichst wenig dazwischen. Wenn du am Anfang schon langweilst, wird auch der restliche Text nicht gelesen. Fang stark an, zieh den Leser hinein.
- **Nicht reinstolpern!** Eine Copy ist ein Gedankengang. Damit der Leser mitgeht, muss er klar und nachvollziehbar aufgebaut sein. Also erst mal ganz langsam: Um was geht es in dem Text, was ist das Thema? Nicht mit der Tür ins Haus fallen, das schreckt nur ab.
- **Biete nützliche Substanz.** Nichts ist langweiliger als ein Text, der nichts zu sagen hat. Ein Reklametext, in dem sich das Unternehmen nur selbst auf

die Schulter klopft, gehört zu den schlimmsten Texten überhaupt – noch vor chinesischen Bedienungsanleitungen.

»Fakten, Fakten, Fakten – und dabei immer an den Leser denken.«

Helmut Markwort

Die Leute lesen, was sie interessiert. Meistens geht es dabei um Neuigkeiten, die für sie relevant sind. Eine Aufgabe von Werbung ist, über neue Produkte und Angebote zu informieren. Der Leser sollte das Gefühl haben, dass dein Text etwas Neues erzählt. Klischees, die man schon oft gehört hat, sollte man vermeiden. Geeignet sind originelle Gedanken und überraschende Sichtweisen. Auch sprachliche Besonderheiten helfen. Man merkt einem Text an, ob er schnell hingerotzt oder mit Liebe geschrieben wurde.

- **Veranschauliche Fakten.** Verwende Beispiele, Vergleiche und Formulierungen, die Bilder im Kopf des Lesers entstehen lassen. Auf diese Weise werden deine Texte noch verständlicher, lebendiger und merkfähiger. Hier ein Beispiel, bei dem es um eine Kamera geht:
  Headline: »Wenn Ihre Frau Ihnen mal wieder ein Hemd ohne Taschen gekauft hat, können Sie die Minox 35 zur Not auch um den Hals tragen.«
  Copy: »Dabei werden Sie nicht umhinkommen festzustellen, dass unsere hübsche Camera nicht nur unglaublich klein ist, sondern auch unglaublich leicht. Dass sie weniger wiegt als 200 Gramm Leberwurst, wird Ihnen nicht viel sagen. Wer trägt schon Leberwurst um den Hals? Mehr dagegen, dass auch Ihr Büroschlips nur unwesentlich leichter wiegt. Und für diese 190 Gramm bekommen Sie ziemlich viel Camera.« (...)
- **Vermeide Wiederholungen und Blabla.** Überprüfe, ob an einer Stelle keine relevanten Informationen vermittelt werden oder ob Wiederholungen auftauchen. Beim folgenden Beispieltext über die C-Klasse wird für den Begriff »Automobil« immer wieder ein anderes Wort gefunden: »Fahrzeug«, »der neue, kleine Mercedes« (das war übrigens der Produktclaim), »unseren Jüngsten« und »Klassenkameraden«.
- **Baue Ideen ein. Aber nicht zu viele.** Ein Werbetext sollte nicht nur in der Headline Ideen bieten, sondern auch in der Copy. Wichtig ist, dass man es nicht übertreibt. Ein Dauerfeuer von Ideen ist anstrengend zu lesen. Lieber

mit einer Idee anfangen, dann immer mal wieder einen schönen Gedanken einstreuen und am Ende mit einer Idee aussteigen. Nutze gute Ideen, die es nicht in die Headline geschafft haben, in der Copy.

- **Schreibe strukturiert.** Klarheit ist wichtig, damit die Gedanken nachvollziehbar sind. Dazu trägt eine logische Textstruktur entscheidend bei.
- **Prüfe andere Perspektiven.** Eine weitere Möglichkeit, einen Text interessant und neuartig erscheinen zu lassen, ist, aus einer ungewöhnlichen Perspektive zu schreiben. Zum Beispiel aus der Sicht eines Automobils. Oder aus der Sicht eines Kieselsteins, der auf einer Straße liegt und schon von Weitem ein Auto heranfahren hört. Doch Vorsicht: Solche Perspektiven sind vielen Kunden zu ausgefallen. Gute Argumente dafür gibt es allemal, denn Leser schätzen solche Einfälle, gerade in Werbetexten.
- **Denke an Formate.** Überlege dir vor dem Schreiben, ob es ein interessantes Format gibt, das du nutzen könntest. Formate sind zum Beispiel: ein Brief, ein Rezept, eine Zeitungsmeldung oder ein Gedicht. Interessant ist es auch, ein bekanntes Format zu brechen. So griff zum Beispiel die Bahn in einer Anzeige die bekannte Flugdurchsage auf: »Bitte klappen Sie die Tische nicht hoch, stellen Sie die Lehnen nicht senkrecht, schnallen Sie sich nicht an und schalten Sie mitgebrachte elektronische Geräte nicht aus. Steigen Sie ein. Am Bahnhof in Ihrer Nähe, über die Reisebüros mit DB-Lizenz oder unter *www.bahn.de*.«
- **Schreibe aktiv, nutze Verben.** Vermeide den Nominalstil und passive Formulierungen. Also nicht so: »Durch die Entwicklung des neuen Kugellagersystems konnte unsere Expansion ins Ausland weiter fortgesetzt werden.« Das klingt träge. Schreibe lieber aktiv und mit Verben: Sie haben Kraft. »Unsere Ingenieure haben ein neues Kugellagersystem entwickelt. Dadurch konnten wir weiter ins Ausland expandieren.« Verben haben Kraft. Kurze Sätze auch. Nutze sie.
- **Schreibe aktivierend und druckvoll.** Schreibe kurze Sätze. So zum Beispiel. Das Wort »Satz« könnte man diskutieren. Sind das überhaupt Sätze? Ich möchte uns an dieser Stelle nicht mit Theorie aufhalten. Du weißt, was ich meine, wenn ich von »Sätzen« schreibe. So. Weiter geht's.
  Fordere den Leser auf, etwas zu tun. Nicht morgen. Nicht in einer Stunde. Sondern jetzt. Das erzeugt ebenfalls Druck. Zum Beispiel für einen Sportwagen. Oder eine Bohrmaschine. Kurz. Direkt. Auffordernd.
- **Schreibe, wie man spricht.** Ein häufiger Fehler ist, Schriftdeutsch zu verwenden. Man muss den Text laut vorlesen können, ohne dass es steif und

hölzern klingt. Oft hängt das nur von einem einzigen Wort ab. Ein Beispiel: »In stufenförmig angeordneten Kästen wird der Edelkakao während der Fermentation mehrfach umgeschichtet. Dies sorgt für ...«. »Dies« würde man nicht sprechen, es klingt zu sehr nach Schriftdeutsch. Besser wäre ein »das«.

- **Setze Ausrufezeichen sehr bewusst ein.** Ein Satz, der ein Ausrufezeichen braucht, ist wie der lahme Witz in einer Comedy-Serie, der Applaus und Lacher vom Band braucht. Ein Punkt ist souveräner als ein Ausrufezeichen. Setze Ausrufezeichen nur dann ein, wenn sie wirklich Sinn machen. Zum Beispiel in Salesfoldern. Was wäre ein »Jetzt bestellen!« ohne Ausrufezeichen?
- **Schreibe einen Ausstieg.** Achte darauf, dass sich der Text am Ende rund anfühlt. Bricht der Text einfach ab? Oder hat er ein Ende? Elegant wirkt es zum Beispiel, wenn du am Schluss noch einmal auf den Gedanken der Headline Bezug nimmst. Wenn du willst, dass der Leser etwas tun soll, dann sag ihm das am Ende. Wenn du es ihm am Anfang oder im Mittelteil sagst, vergisst er es vielleicht.

  Fordere ihn am Ende des Textes auf, jetzt etwas zu tun. Das nennt man *Call to Action*. Du kannst diesen Teil etwas absetzen, indem du zum Beispiel schreibst: Also, finden Sie doch einfach selbst heraus, wie sich der neue X fährt. Bei einer Probefahrt. Melden Sie sich einfach an unter *www.probefahrt.de*.

  Aha, sehr gut, dir ist die Wiederholung von »einfach« im letzten Abschnitt aufgefallen. Wunderbar, das läuft doch schon recht gut bei dir.

  Das »Also« am Ende leitet eine Schlussfolgerung ein, die Quintessenz der bisherigen Gedanken. Vergiss nicht, beim Ausstieg auf eine Website zu verweisen, das macht fast immer Sinn.

Die Copy optimieren

Überprüfe nun, ob der Text zum Claim passt. Der Claim gibt der Kommunikation die Richtung vor. Wenn die Copy dieser Richtung nicht folgt, musst du sie umschreiben.

Nach dem Schreiben kommt das Umschreiben

Steven King schreibt erst eine Rohfassung von seinen Büchern und macht dann ein paar Wochen Pause. Dann sieht er sich das Geschriebene noch einmal an, kürzt, überlegt und überarbeitet. Eine so lange Pause können wir Werbetexter uns leider nicht leisten, aber eine Kaffeepause schon. Trinke nach dem Schreiben eine Tasse Kaffee oder Tee, unterhalte dich mit jemandem oder spaziere einmal durchs Büro.
Dann lies dir den Text laut vor. Überlege dir, ob sich die Copy flüssig liest und ob die Aussagen Sinn machen. Ist der Text interessant? Ist er hilfreich? Vermittelt er auf unterhaltsame Weise relevante Informationen? Wird ihn jemand freiwillig lesen?

»There is no writing, just rewriting«

John Updike

Kürze

Lass alles weg, was du nicht unbedingt brauchst.

Mercedes-Benz 1989: Ersatzteil. Visual: ein Mercedes-Stern auf einer Kühlerhaube. Bildunterschrift: »Ersatzteil Nr. 1248800086.« Headline: »Unser meistgebrauchtes Ersatzteil.«
Copy: »Wie gut, dass wir unser Geld nicht mit dem Verkauf von Ersatzteilen verdienen müssen. Denn bei der sprichwörtlichen Langlebigkeit von Mercedes-Bauteilen läuft der Absatz von Bauteilen erfreulich schleppend. Und wir tun alles, damit er in Zukunft noch schleppender läuft: Während eine Auspuffanlage vor ein paar Jahren üblicherweise alle 40000 km ausgetauscht werden musste, ist das Doppelte heute die Norm. Ein Keilriemen muss bei einem Mercedes in der Regel überhaupt nicht mehr erneuert werden.
Jedes Jahr lassen sich unsere Ingenieure wieder eine Menge Neues einfallen, was sich erfreulich bremsend auf unsere Ersatzteilverkäufe auswirkt. Schließlich wollen wir nicht der größte Ersatzteillieferant der Welt werden, sondern das beste Auto der Welt bauen. Für dieses Ziel forschen bei uns mehr Ingenieure als bei jedem anderen Automobilhersteller der Welt. Trotz hochmoderner Fertigungsmethoden mit Robotern und Computern kommt bei uns nach guter Mercedes-Tradition immer noch auf 10 Autowerker ein Mann, der nur für die Qualitätskontrolle zuständig ist.

An einem Bauteil sind unsere Bemühungen um Langlebigkeit jedoch spurlos vorbeigegangen: am Mercedes-Stern. Obwohl wir ihn genauso sorgfältig herstellen wie alles, wird er öfter verlangt als jedes andere Ersatzteil. Das sagt viel über die Lebensdauer dieser Ersatzteile, aber auch viel über unser Markenzeichen. Manche hängen an ihm mit solcher Inbrunst, dass sie es als Souvenir mitnehmen.
Deshalb mussten wir den Mercedes-Stern allein in den letzten zwei Jahren 1480521-mal erneuern. Womit er tatsächlich unser meistgebrauchtes Ersatzteil ist.
Gegen die Beliebtheit des Mercedes-Sterns konnten wir nichts tun. Wir möchten aber alle seine Liebhaber darauf hinweisen, dass man der Stern auch ohne größeren Kraftaufwand bei jedem Mercedes-Händler erwerben kann. Dort finden Sie auch das, was diesen Stern so berühmt gemacht hat – den Mercedes.«
Logo und Claim: »Mercedes-Benz. Ihr guter Stern auf allen Straßen.«

Die Copy vermittelt relevante Informationen und streut hier und da sogar Zahlen ein. Dabei ist der Text nicht trocken, sondern unterhaltsam geschrieben. Mit einer Tonalität, die geprägt ist von charmantem Selbstbewusstsein, Understatement und einer feinen Prise Humor.
Springen wir fünf Jahre weiter und schauen wir uns eine zweite Mercedes-Copy an. Diesmal von 1994, erschienen im Magazin Focus. Mal sehen, ob die Tonalität von 1989 beibehalten wurde.

Mercedes-Benz 1994: Kritik von allen Seiten. Visual: Der Headline- und Copyblock in der Mitte der Doppelseite ist umringt von diversen Automobil-Awards. Bildunterschrift: »Die aktuelle C-Klasse Preisliste.« Headline: »Typisch Mercedes: Kritik von allen Seiten.« Copy: »Kein anderes Fahrzeug musste in den letzten Jahren so viel einstecken wie die C-Klasse. Fast jedes Land lieferte seinen Kommentar zum neuen, kleinen Mercedes: Aus Kanada zum Beispiel kam der schöne Pokal oben links. Slowenien ernannte ihn zum »Slovenski Avto Leta 1994«. Und auch Österreich freute sich über diesen Deutschen und überreichte uns den ›Automobilpreis in Gold‹. Lob gab's auch aus dem Inland: Die Leser von auto motor und sport machten unseren Jüngsten zum besten Auto seiner Klasse. Und die Jury der Bild am Sonntag (u. a. mit Michael Schumacher) hat die C-Klasse mit einem »Goldenen Lenkrad« ausgestattet (keine Angst, wird nicht eingebaut). Die schärfste Kritik aber kam von Ihnen: Die C-Klasse liegt bei den monatlichen Zulassungszahlen deutlich vor ihren Klassenkameraden. Seien Sie bitte weiterhin so kritisch.« Logo und Claim: »Mercedes-Benz. Ihr guter Stern auf allen Straßen.«

Ich würde sagen: Auch fünf Jahre nach dem Start der Kommunikation durch Springer & Jacoby ist diese Anzeige absolut auf Spur. Der Text ist informativ, unterhaltsam und charmant geschrieben. Kunden sprechen gern von einem Augenzwinkern. In dieser Anzeige ist es überall spürbar.

Dabei ist das Thema besonders schwierig. Denn Menschen reagieren eher abwehrend auf jemanden, der sich hinstellt und erklärt, wie toll er doch sei. Genau das war aber die Aufgabe. Die C-Klasse wurde mit Preisen überhäuft, und die Agentur hatte den Auftrag, das mit einer Anzeige bekannt zu machen. Eine clevere Strategie ist, diese Ehrungen ironisch zu brechen (»Typisch Mercedes: Kritik von allen Seiten«). Das ist sympathisch. Du siehst also: Kommunikation ist auch zu einem wesentlichen Teil Psychologie

Concern India Foundation: Radha. Die Headline hier ist nicht besonders interessant. Ich bezweifle, dass viele Leute den ganzen Text lesen. Aber die Geschichte von Ogilvy & Mather, Gurgaon, Indien, hat es in sich und wurde daher auch in Cannes mit Bronze ausgezeichnet.
Visual: Typo. Headline: »Radha is a little girl who begs at a traffic light.« Copy: »As soon as the light turns red she goes to work. Knocking at car windows, trying to get the occupants' attention. Most of them stare straight ahead, stern faced. Sometimes, rarely, a window is rolled down and a coin is dropped into her palm. Across the road her little friend Seema works the other traffic light. She doesn't have one arm. So the motorists pity her more. She makes a lot more money. Her father hacked off her arm himself before he died. So she wouldn't have problems earning a living. ›He must have really loved her‹, sighs Radha enviously.« Subline: »At Concern India Foundation we have several projects where we help rehabilitate destitute children. To find out how you can help call 011-26224482.«

> **»Dein Text ist erst gut, wenn man sich darüber ärgert, dass er schon vorbei ist.«**
>
> Konstantin Jacoby

Onlinetexte

Das Tolle am Web: Man merkt sehr schnell, was funktioniert und was nicht. Wie hoch die Aufmerksamkeit ist, die ein Post erzielt, lässt sich unmittelbar ablesen – zum Beispiel an Klicks oder Likes. Wie ein Beitrag ankommt, hängt von mehreren Stellschrauben ab. Eine Geschichte, die nicht schön multimedial aufbereitet ist, wird kaum für Begeisterung sorgen. Doch die Stellschrauben beginnen noch viel früher: nämlich beim Teaser für den Beitrag, der dazu animieren soll, den Artikel aufzurufen. Meistens handelt es sich dabei um ein Bild, das mit einer Headline versehen wird. Wie wichtig der Text dabei ist, zeigt dieses Experiment: Ein Video über zwei Affen wurde mit zwei verschiedenen Beschreibungstexten und unterschiedlichen Fotos online gestellt. Version eins erhielt 8.000 Pageviews, Version zwei bekam 474.000 Pageviews.

- Version eins: Visual: Ein Affe flüstert dem anderen etwas zu. Headline im Visual: »About that raise …« Copy: »Remember ›Planet Of The Apes‹? It's Closer To Reality Than You Think.«
- Version zwei: Visual: zwei Affen. Copy: »2 Monkeys Were Paid Unequally. See What Happens Next.«

Der Textmechanismus von »heftig.co«.

Auf *heftig.co* werden mit einem Bild und einem kurzen Text Geschichten angerissen. Die Seite ist überaus erfolgreich und hat Millionen Facebook-Fans. Es lohnt sich also, sich mit diesem Phänomen zu beschäftigen.

- Visual: ein unbekanntes Etwas (Frosch? Fledermaus?). Text: »Sie wissen nicht genau, was es wird, aber sie ziehen es groß. Und geben uns damit noch nie dagewesene Einblicke.«
- Visual: ein Mann mit aufgekrempelten Ärmeln, sein Gesicht ist unkenntlich gemacht. Text: »Dieses Video ist das Brutalste, das du jemals sehen wirst, aber trotzdem ist es so wichtig!«
- Visual: eine nackte Blondine. Man sieht nicht ihr Gesicht, nur ihre langen Haare und ihre Brüste mit einem roten Sternchen über den Brustwarzen. Text: »Als diese Frau sich mit Folie bekleidet, muss ich mir die Augen reiben. Dann schlug es ein wie der Blitz.«
- Visual: zwei Jungs auf einer Hängeseilbrücke. Text: »Wenn du glaubst, diese Kinder hätten Spaß, irrst du dich. Was sie wirklich tun, ist unglaublich.«
- Visual: Ein Pferd liegt neben einer jungen Frau auf dem Boden. Text: »Wo sich dieses Tier hinlegt, wächst kein Gras mehr. Doch dann passiert das Unfassbare.«

Die Texte erinnern an einen Marktschreier, der die Sensationslust schürt, hemmungslos übertreibt, Emotionen weckt und neugierig auf mehr macht. Die

Teaser verführen die Leute dazu, auf den Link zu klicken. Die Geschichte mit dem unbekannten Etwas habe ich angeklickt: Es war ein Vogel.
Hier die Merkmale der heftig.co-Texte:

1. Der Leser wird direkt angesprochen und geduzt. So wirken die Texte wie der Hinweis von einem Freund.
2. Der Post macht neugierig auf etwas, teasert etwas an, funktioniert wie ein Cliffhanger im Fernsehen. (Ein Spannungsbogen steuert auf seinen Höhepunkt zu – doch wie es weitergeht, erfährt man erst in der nächsten Folge.)
3. Man versteht nicht genau, um was es geht. Aber der Post verspricht: Es ist etwas, das dich umhauen wird. Du wirst begeistert sein. Also: Klicke auf den Link.
4. Reißerische Umschreibungen sind hier normal (»das Unfassbare«, »nie dagewesene Einblicke«).

heftig.co ist ein Nachahmer von *buzzfeed.com* aus New York City. Es gibt Rubriken wie »lol«, »omg«, »fail« oder »wtf«. Spiegel-Online schreibt über BuzzFeed:
»Laut den Statistiken von Similarweb hatte die Seite im Dezember gut 70 Millionen Besucher. Lamb (Anmerkung: Scott Lamb, Vice President International bei BuzzFeed) zufolge kommen 75 Prozent nicht über die Homepage und auch nicht über Suchmaschinen, sondern direkt von Facebook, Twitter, StumbleUpon oder, zunehmend, Pinterest. David Arabov von der – wie ›BuzzFeed‹ – für eine junge Zielgruppe gemachten Seite ›Elite Daily‹ spricht von der ›Suchmaschinenära‹ wie von einer vergangenen Epoche. ›Wir optimieren nicht für Roboter. Wir optimieren für Menschen.‹«[27]
Was kann man aus diesen Beispielen lernen?
Mechanismen wie bei *heftig.co* funktionieren offenbar bei weiten Bevölkerungskreisen. Doch daraus kann man kein grundsätzliches Geheimrezept ableiten. Es kommt immer darauf an, welcher Absender mit welcher Zielgruppe spricht. Für FAZ-Leser wäre eine Ansprache wie bei *heftig.co* nicht gerade adäquat. Trotzdem kann man von *heftig.co* lernen, dass emotionale Teaser funktionieren. Die Neugierde ist ein starker Treiber. Wenn die Menschen zusätzlich das Versprechen bekommen, dass sich der Klick lohnt, dann ist der Anreiz noch

---

27 Stöcker, Christian: Vorstoß nach Deutschland: Wie ›BuzzFeed‹ und Co. der Journalismus verändern. In: Spiegel-Online, 21.1.2014. URL: *http://www.spiegel.de/netzwelt/web/wie-buzzfeed-co-den-journalismus-veraendern-a-944640.html*

größer. Fatal wäre es aber, wenn dieses Versprechen nach dem Klick nicht gehalten wird. Das wirkt unseriös und unzuverlässig. Ganz grundsätzlich ist es immer eine gute Idee, sich zu fragen, welcher Aspekt der Geschichte für die Zielgruppe am interessantesten ist. Damit sollte man anfangen. Wichtig ist, dass du dich auf dem Laufenden hältst, was Mechanismen betrifft. Die Arbeit im digitalen Raum ist eine komplexe Rechnung, in der immer wieder neue Variablen auftauchen.

KAPITEL 9
MEDIENKANÄLE UND ARBEITSWEISEN

Das Spielfeld für Kommunikation war noch nie so groß. Früher gab es im Wesentlichen Handzettel, Broschüren, Anzeigen, Plakate, Litfaßsäulen, Radio, Kino und Fernsehen. Heute gibt es auch die digitale Welt. Mit YouTube, Twitter, Facebook, Instagram, Pinterest, Vine, WhatsApp, Soundcloud, Smartphones, Beacons und so weiter. Sämtliche Lebensbereiche werden von der digitalen Transformation erfasst. Die technische Entwicklung geht immer weiter und eröffnet uns dadurch ständig neue Möglichkeiten. In diesem Kapitel wollen wir uns einige Medienkanäle und Arbeitsweisen ansehen.

Bewegtbild

Nichts bewegt Menschen so intensiv wie Bewegtbild.
Es ist vielleicht die schönste Art, eine Geschichte zu erzählen. Mit Sicherheit ist es die emotionalste. Denn wenn man einen Film sieht, ist man als stiller Beobachter live dabei, wenn Menschen die Höhen und Tiefen ihres Lebens meistern. Kein Wunder, dass so viele Menschen regelmäßig in die Kinos strömen oder Fernsehen schauen.
Wer ein gutes Skript schreiben will, muss nicht unbedingt ein guter Texter sein – aber ein guter Geschichtenerzähler. Denke dir einen Film aus und

schreibe ihn chronologisch so kurz und einfach wie möglich auf. Ohne Regieanweisungen, das stört nur. Es geht allein darum, ob die Geschichte packend und überraschend ist oder nicht. Beschreibe nur das, was man sieht. Also nicht: »Eine attraktive Frau, die heimlich ihren Mann betrügt, geht eine Straße entlang.« Hier zehn Checkpunkte, die du im Auge behalten solltest.

Zehn Checkpunkte für Filmskripte

1. **Ist das Skript emotional?** Berührt die Geschichte? Gibt es Menschen, Gefühle, Interaktion, Drama? Vielleicht sogar einen Wettstreit zwischen Mann und Frau?
2. **Gibt es einen Überraschungseffekt?** Beispielsweise Dialogpointe, verblüffende Wendung, unerwartete Optik? Am besten ist es, wenn die Überraschung auf eine Produktleistung einzahlt. Visuelle Ideen sind in der Regel stärker als Dialogideen.
3. **Ist das Skript filmisch, gibt es Bewegung?** Oder stehen die Leute nur herum? Aus einer guten Anzeige wird kein guter Film.
4. **Ist die Idee so einfach, dass man sie am Telefon erzählen kann?**
5. **Ist die Idee neu?** Oder gab es das so ähnlich schon?
6. **Gibt es eine akustische Idee?** Oder hört man nur Archivmusik? Der Ton macht 50 Prozent der Wirkung eines Films aus. Das sollte man nutzen. Wenn man einen guten Titel findet, kann die Idee auch auf der Musik aufbauen. Beachte: Je bekannter das Stück, desto teurer ist es. Manche Songs bekommt man auch für alles Geld der Welt nicht.
7. **Schaut man sich den Film gerne und freiwillig an?** Wird man ihn weitererzählen?
8. **Ist das Skript mit dem vorhandenen Budget realisierbar?** Geht es günstiger – ohne Abstriche bei der Idee machen zu müssen? Sicher ist es interessant, einen Film mit einem bekannten Hollywoodstar zu drehen. Für die Geschichte notwendig ist es eher selten.
9. **Ist der Spot bis zum Sendetermin umsetzbar?** Kann man die Geschichte innerhalb der geforderten Zeit erzählen? Dialoge solltest du laut vorlesen und stoppen.
10. **Ist es das beste Skript, das du schreiben kannst?**

Die Besonderheit bei Onlinefilmen

Die Erfahrung zeigt, dass das Publikum online noch schneller gelangweilt ist als im Kino oder vor dem Fernseher. Das bedeutet: Dein Film muss den Zuschauer schon in den ersten drei bis fünf Sekunden hineinziehen. Du musst ihm sofort ein emotionales Highlight liefern, nicht erst am Ende!
Diese Art der Dramaturgie kann man mit einer Achterbahnfahrt vergleichen. Ständig gibt es Höhen und Tiefen, ein Wechselbad der Gefühle. So bleibt der Zuschauer dran – hoffentlich. Schön studieren kann man das zum Beispiel am BMW-Actionfilm »The Escape« mit Clive Owen.

Der Prozess

Wenn der CD das Skript gut findet, wird er mit Hilfe von Scribbles oder Mood-Boards präsentiert. Mood-Boards sind Fotos, die die Stimmung des Films vermitteln sollen. In der *Präsentation* geht es darum, dem Kunden ein Gefühl für den Film zu vermitteln. Man kann auch Musik vorspielen, einen Mood-Film zusammenschneiden oder ein Animatic produzieren. Ein Animatic basiert auf Zeichnungen. Am Computer werden zum Beispiel Arme, Mund und Augen bewegt, so dass der Eindruck eines Films entsteht. Ein Sprecher erklärt, was man sieht.
Sobald der Kunde die Idee kauft, beginnt der nächste Teil der Arbeit. Die FFF-Abteilung (Film, Funk, Fernsehen) schlägt dir in Zusammenarbeit mit externen Filmproduktionen Regisseure vor, die den Film umsetzen könnten. Dabei gibt es im Wesentlichen zwei Möglichkeiten. Du suchst einen Regisseur, der anhand seiner Filmrolle zeigen kann, dass er genau das kann, was du suchst. Also zum Beispiel Dialoge authentisch inszenieren. Oder aber, du suchst einen Regisseur, der noch einen ganz neuen Aspekt in die Produktion einbringt. Zum Beispiel einen Fashionexperten, der einen Autofilm drehen soll. Die zweite Variante ist spannender, aber auch riskanter. Grundsätzlich kann man sagen: Je besser die Leute sind, mit denen du arbeitest, desto besser wird wohl auch das Ergebnis ausfallen. Versuche also, alles daranzusetzen, um die Besten für das Projekt zu gewinnen.
Es wird ein *Conference Call* angesetzt, an dem der Regisseur, der Filmproduzent, der FFF-Producer und das Kreativteam teilnehmen. Die Kreativen erzählen ihre Idee und tauschen sich mit dem Regisseur darüber aus. Es geht darum, herauszufinden, ob man die gleichen Vorstellungen hat und ob die Chemie stimmt. Man spricht über das Konzept, die Darsteller, das Setting/die Location, die Kamera, die Beleuchtung, den Packshot und die Musik.

Üblich ist es, mit mindestens drei Regisseuren zu sprechen. Wenn das Gespräch vielversprechend verlaufen ist, bittet die Agentur den Regisseur, eine *Director's Interpretation* zu liefern. Der Regisseur schreibt auf, wie er den Film drehen würde. Wichtig: Der Regisseur ist auch ein Kreativer. Er hat auch Ideen, und eine Agentur tut gut daran, ihn in den kreativen Prozess einzubeziehen. Es kann sein, dass der Regisseur eine Idee hat, die den Film noch viel besser macht. Also: Signalisiere ihm, dass du offen für seine Vorschläge bist. Wenn du deinen Favoriten gefunden hast, versuche, dich persönlich mit ihm zu treffen. Am Telefon kann man einen Menschen nur schwer kennenlernen. Wenn alles gut ist, stellt die Agentur dem Kunden ihren Favoriten vor. Sobald der Kunde grünes Licht gibt, gehen die Filmproduktion und der Regisseur an die Arbeit. Locations werden recherchiert (»gescoutet«), Schauspieler gecastet und Requisiten (Props) ausgewählt.
Vor dem eigentlichen Dreh findet das PPM statt, das Pre-Production-Meeting. Hier treffen sich Regisseur, Filmproduktion, Kunde und Agentur und besprechen den Filmdreh bis ins letzte Detail. Denn am Filmset ist keine Zeit zu diskutieren. Wenn alle am Ende den gleichen Film im Kopf haben, kann es losgehen.

Die Musik

Die Kalkulation des Films gehört nicht zu den Aufgaben eines Kreativen. Trotzdem solltest du von Anfang an darauf achten, dass genügend Budget für die Musik zur Verfügung steht. Man sagt, der Ton ist die andere Hälfte des Films. Achte mal im Kino darauf, wie die Musik die Stimmung des Films unterstützt. Es ist kein Zufall, dass zu jedem größeren Hollywoodfilm auch ein Album mit Filmmusik erscheint.

Ikea: Lamp. Ein schönes Beispiel dafür, welche starke Stimmung die richtige Musik zaubern kann, ist der Ikea-Werbespot »Lamp« von Crispin Porter + Bogusky. Der Film hat in Cannes einen Grand Prix gewonnen.
Eine rote Tischlampe wird aus einer Wohnung getragen und zum Müll auf den Gehsteig gestellt. Dazu hört man traurige Klaviermusik. Zu allem Überfluss beginnt es auch noch zu regnen. Schließlich steht die arme Lampe nachts einsam auf der Straße und muss durch ein Fenster mitansehen, wie in der Wohnung eine neue Lampe eingeschaltet wird. Ein Mann auf der Straße spricht den Zuschauer direkt an: »Many of you feel bad for this lamp. That is because you're crazy. It has no feelings. And the new one is much better.« Logo: Ikea.

Die Kreativen spielen also mit der Wirkung, die unter anderem die traurige Musik auf den Zuschauer hat.

tinyurl.com/ikea-lamp-music

Casting

Beim Casting neigen viele Kunden dazu, schöne Menschen auszusuchen. Das ist verständlich, aber nicht sinnvoll. Denn an glatten, ebenmäßigen Gesichtern bleibt man nicht hängen. Sie sind schön, aber nichts Außergewöhnliches. Und wir wissen ja: Das Außergewöhnliche hat bessere Chancen, wahrgenommen zu werden.

Ratsamer ist es daher, mit Charakterköpfen zu drehen, die in Erinnerung bleiben. Also: Mut zum Vollbart und zur Knollennase! Das Publikum schätzt authentische Menschen. Klassische Models sind schön, aber oft auch etwas langweilig. Und: Selbst, wenn sie nur ein, zwei Sätze haben, tun sich viele schwer damit (nicht alle, aber viele). Sie sagen ihren Text oft nur auf und sprechen nicht natürlich. Am Set hat man leider keine Zeit, ihnen beizubringen, wie sie authentisch rüberkommen. Kurzum: Schauspieler sind die bessere Wahl.

Beim Off-Sprecher bzw. bei der Off-Sprecherin greifen die Texter gerne auf Leute zurück, die sich bewährt haben. Mit anderen Worten: auf die Standardlösung. Überlege, ob es nicht überraschend wäre, wenn ein Kind spricht. Oder ein alter Mann.

Kinder sind fast immer interessant, aber bei den Aufnahmen im Tonstudio eine Herausforderung. Sie sind keine ausgebildeten Sprecher und können nicht auf Kommando mit ihrer Stimme das Gewünschte produzieren. Im Tonstudio gibt es eine Sprecherkabine und das Studio. Der Sprecher steht in der Kabine und spricht in ein Mikrofon, der Tontechniker und der Texter sitzen am Pult im Aufnahmestudio.

Wenn du ein Kind aufnimmst, empfehle ich dir, dich zu ihm in die Kabine zu stellen. Schau das Kind an und sag zu ihm: »Okay, vergiss mal das ganze Zeug um dich herum. Du sprichst jetzt nur mit mir, okay? Du schaust mich an und erzählst mir das jetzt mal.« Es ist klar, dass man mit einem Kind besonders einfühlsam arbeiten muss. Lobe und ermutige es. Sorge für eine lockere Atmosphäre. Dann ist auch so eine Aufnahme kein Problem.

Schöne neue VR-Welt

VR steht für Virtual Reality und wird uns in Zukunft immer stärker beschäftigen. Anders als bei Filmen im 16:9-Format findet hier das Geschehen in 360 Grad statt. Für uns Kreative bedeutet das: Wir können das Publikum in eine eigene Welt versetzen. Die entscheidenden Fragen für die Ideenfindung sind dabei: In welcher Situation oder an welchem Ort wäre die Zielgruppe gern? Wäre es für sie vielleicht sogar interessant, in die Rolle eines anderen zu schlüpfen? Welches Erlebnis kann ihr die Marke bieten?
VR ist ein völlig neues Medium, das beim Publikum einen nachhaltigen Eindruck hinterlassen kann. Es liegt an uns, wie wir mit diesen neuen Möglichkeiten umgehen.
Dabei ist die VR-Welt nicht auf VR-Brillen beschränkt. Inzwischen ist es auch möglich, VR zum Gemeinschaftserlebnis zu machen, wie das folgende Beispiel zeigt.

Bus to Mars. Lockheed Martin möchte mit seinem »Generation Beyond«-Projekt Kids für das Thema Weltraum begeistern. Als eine Gruppe Kinder mit einem typischen gelben Schulbus zum USA Science and Engineering Festival in Washington DC fuhr, das von Lockheed Martin gesponsert wurde, erlebten sie eine Überraschung: Auf den Fenstern des Schulbusses erschien eine Marslandschaft, die sich bewegte. Bog der Bus in Washington DC nach rechts ab, dann geschah das Gleiche auch in der virtuellen Welt, und die Bilder änderten sich entsprechend. Die Agentur McCann New York und das Special-Effects-Unternehmen Framestore hatten den Bus in ein Virtual Reality-Erlebnis verwandelt. Statt VR-Brillen gab es jetzt die Fenster bzw. Screens des Busses, auf denen sich die Szenen abspielten. Das VR-Gemeinschaftserlebnis war geboren.

Radio

Radiospots können nicht nur im Radio laufen, sondern auch im Supermarkt, auf Spotify, Soundcloud oder in der Warteschleife am Telefon. Die Möglichkeiten nehmen zu. Außerdem hören Millionen Menschen gerne Audiobooks. Beste Voraussetzungen also, um viele Menschen über ihr Kopfkino anzusprechen.

Was es zu bedenken gibt

Wenn man in einem Funkspot eine Situation zum Leben erweckt, ist es wichtig, dass die Menschen so authentisch wie möglich sprechen. Schreibe das Skript so auf, wie man spricht. Frage dich bei jedem Skript: Versteht man das? Und: Hört man sich das gerne an? Versuche, beim Hörer ein Bild im Kopf zu erzeugen. Frage dich immer, ob man die Geschichte nicht kürzer erzählen kann. Behalte nur die Sätze, die man wirklich braucht. Alles, was man weglassen kann, ohne die Geschichte zu zerstören: Bitte weglassen.
Hilfreich dabei: Lies das Skript laut vor und stoppe die Zeit. Laut vorlesen ist wichtig, weil man Text im Kopf schneller liest.
Hör dir an, wie ein typischer Werbeblock klingt – und überlege, wie sich dein Spot positiv davon abheben kann. Wenn alle laut sind und schreien, wäre es vielleicht klug, die Menschen mal ganz anders anzusprechen.
Denke so früh wie möglich über die Musik nach. Braucht man überhaupt eine? Überprüfe, wie oft der Markenname im Spot vorkommt. Versteht man auch bei flüchtigem Hinhören, wer hier wirbt? Es ist gut, wenn der Name nicht nur einmal genannt wird. Aber so oft und penetrant wie in der Seitenbacher-Werbung muss es auch nicht sein.

Casting

Wenn du ein freigegebenes Skript hast, beginnt das Casting. Sprich mit dem Tonstudio und erkläre, wie du dir die Stimmen vorstellst. Lass dir ein paar Vorschläge schicken. Gib dich erst dann zufrieden, wenn du wirklich zufrieden bist. Oft landet man bei bewährten Stimmen, die gut sprechen, aber leider schon ziemlich »gehört« sind. Halte Ausschau nach frischen Stimmen, die etwas Besonderes an sich haben.

Im Tonstudio

Zu Beginn solltest du den Tonmeister und die Sprecher genau briefen und dich mit ihnen beraten. Lass sie wissen, dass du offen für Vorschläge und Meinungen bist. Sie sind Experten.
Der Sprecher verschwindet in der Kabine, setzt sich einen Kopfhörer auf und stellt sich vors Mikrofon. Der Tonmeister und du bleiben im Studio, das meistens durch ein Glasfenster mit der Kabine verbunden ist. Wenn alles richtig eingepegelt ist, kann es losgehen. Bei Aufnahmen spricht man von *Takes*. Schreib mit, wie du den Take findest, und verständige dich mit dem Tonmeister auf Favoriten. Sag ihm, wenn du einen Take gut findest, er kann ihn markieren.

Nutze die digitalen Möglichkeiten. Man kann einzelne Wörter oder Abschnitte ausschneiden und in andere Abschnitte einfügen. Du kannst also sagen: »Okay, wir nehmen den ersten Satz von Take 8 und den zweiten Satz von Take 11.« Und: Man kann sich die Takes immer wieder vorspielen lassen. »Kann ich's bitte noch mal hören?« ist der Satz, den der Texter im Studio am häufigsten sagt.
Achte nicht nur auf den Ausdruck und die Tonalität, sondern auch auf die akustische Verständlichkeit. Lass dir den Spot am Ende nicht nur auf den teuren Boxen des Studios vorspielen, sondern lass dir möglichst auch die Wiedergabe eines schlechten Autoradios simulieren. Der Spot muss so klar sein, dass man ihn selbst dort noch gut versteht.
Es ist ratsam, die eine oder andere Alternative aufzunehmen, falls der Kunde etwas ändern möchte. Selbst dann, wenn er mit dir im Studio sitzt. Lass den Sprecher erst nach Hause gehen, wenn du wirklich zufrieden bist. Aber achte auf die Zeit. Sie kostet Geld.
Nach der Aufnahme »säubert« der Tonmeister die ausgewählten Takes. Das heißt, er entfernt Schmatzer, die beim Sprechen entstehen.

Ein Medium mit vielen Vorteilen

Viele Marketingverantwortliche verstehen nicht, dass man mit dem Medium schöne Geschichten erzählen kann. Sie setzen Radio als taktisches Mittel ein, das schnell den Abverkauf ankurbeln soll. Und zwar mit möglichst direkten, kurzen und lauten Spots. Schreihalswerbung, die nur einen Effekt hat: Die Leute hören weg oder schalten um. Dabei hat Radio als Tagesbegleiter eine einzigartige Stellung im Mediamix und ist ganz nah dran an den Menschen.
Es ist ein emotionales Medium, das vor allem morgens im Auto genutzt wird. Und: Es ist günstig. Kino kostet viel Geld, Kopfkino nicht. Audiobooks machen vor, wie man in der Phantasie der Menschen ganze Welten entstehen lässt. Hörspiele haben ja auch mehr Zeit als nur 30 Sekunden, mag man einwenden. Aber: Dieses Argument greift nicht mehr. Man kann auch längere Formate nutzen, um Geschichten zu erzählen. Zum Beispiel online.

Guinness Book of Records. Sprecher, sehr schnell und hastig: »Guinness Book of Records.« SFX (Soundeffekt): Drumroll.
Der Spot ist 0,9 Sekunden kurz. Und damit selbst ein Rekord. BBDO, Oslo, hat den kürzesten Radiospot der Welt on air geschickt und so einen Cannes-Löwen in Gold gewonnen.

Lucozade: Teleconference. Ogilvy & Mather Johannesburg gewann mit diesem Spot für den Energy-Drink-Hersteller Lucozade den Cannes Radio Grand Prix 2014.
SFX (Soundeffekt): emotionale Musik. »It's 11 p.m., Jo'burg time. You've come so far in this teleconference meeting. You've pushed out every ounce of presentation breath, eked out every last drop of enthusiasm, presented unto seven people in six countries, and it suddenly dawns on you that the call was dropped ages ago ... maybe somewhere around slide four hundred and fifty seven. And so for the second time today you thrust out one more hour of pitching and parry through points and punch lines. And now ... you've just hit the Thank You slide, and Sanjay from Malaysia, the only one who matters and has signing off power, dials in and says, »Hey guys, what did I miss?« Now you got a problem. I'll tell you what you going to do. You're going to scroll back to slide one! And you are going to do the presentation, again!« SFX: Applaus. »With Lucozade! With Energy!«

Go outside magazine: Repellent Radio. Manchmal muss man gar nicht viel texten. Zum Beispiel dann, wenn man sich mit einem Techniker etwas ausdenkt, der die tollsten Sachen weiß. Das folgende Beispiel stammt von der brasilianischen Agentur Talent und ist so bahnbrechend, dass die Idee 2012 den Cannes Grand Prix und zusätzlich Gold gewann.
Die Agentur schreibt: »Go Outside is the biggest outdoor magazine on the planet. It's side by side with those who practice outdoor sports and adventure trips. But there's something else present in these people's lives too: mosquitoes.«
Wie kann man dieses Problem lösen?
»By turning your radio into a mosquito repellent. This is how it works: Along with the regular radio station broadcast it was transmitted for the very first time, an audio signal of 15 khz. Undetectable by the human ear. Studies have shown that this frequency imitates the sound of a dragonfly, the mosquito's natural predator, thus keeping them away.
The idea, sponsored by Go Outside, was broadcast for 3 weeks during the musical programming of Band FM radio station, from 6 p.m. to 8 p.m., a time period with the greatest incidence of bites. More than 3 million radio sets received this signal. More than 3 million radios were turned into repellents. Go Outside Repellent Radio. Turning a radio into a mosquito repellent: An idea that sounds like music to our readers ears.«

Dialogmarketing

Hier geht es um Briefe, Päckchen und E-Mails. Das Kölner Marktforschungsinstitut Rheingold hat sich im Auftrag der Deutschen Post mit der Frage auseinandergesetzt, wie physisches Dialogmarketing Menschen glücklich machen kann. Dazu befragte das Institut Personen zwischen 20 und 60 Jahren. Aus den Antworten hat Rheingold vier Bedürfnisse abgeleitet, die eine Werbesendung zumindest teilweise erfüllen soll.[28]

1. **Überraschungen.** Menschen sind offen für Überraschungen und Informationen. Dieses Bedürfnis kann ein Mailing durch seine Gestaltung erfüllen. Ungewöhnliche Formate und Materialien heben Sendungen vom Standard ab, machen sie interessant und bewahren sie vor dem schnellen Tod im Papierkorb.
2. **Pause und Inspiration.** Menschen legen gern eine kurze Pause vom Alltag ein und lassen sich inspirieren. Ein Prospekt etwa kann diesem Bedürfnis als »Bilderbogen der Wünsche« nachkommen. Der Betrachter taucht ein in die schöne Produktwelt.
3. **Persönliche, individuelle Ansprache.** Menschen wollen persönlich und individuell angesprochen werden. Sie wollen das Gefühl haben, dass die Sendung für sie maßgeschneidert wurde. Coupons und Gutscheine verstärken das Gefühl, dass sie im Mittelpunkt stehen.
4. **Lebensmanagement.** Eine Werbesendung kann den Empfängern das Gefühl geben, den Überblick in einer unüberschaubaren Warenwelt zu behalten. Dazu ist es, so die Studie, wichtig, alles auf einen Blick klar zu vermitteln. Ein regionaler Bezug ist dabei überaus wichtig.

Wie entkommt man denn nun dem Papierkorb? Die erste Herausforderung ist, den Empfänger davon abzuhalten, die Sendung ungeöffnet in den Papierkorb zu werfen oder die E-Mail zu löschen. Deshalb muss sich das Mailing schon durch die Verpackung bzw. als E-Mail schon durch die Betreffzeile die Aufmerksamkeit der Menschen verdienen. Schreibe also etwas, was neugierig macht, und gestalte die Verpackung so, dass man unbedingt wissen möchte, was es damit auf sich hat. Verpackung und Betreffzeile sind die Teaser, von denen alles abhängt.

28 Förster, Uwe: Drucksache mit Erlebnisfaktor. In: Horizont, Nr. 37/2012, 13.9.2012, Seite 22.

Gut, der Empfänger öffnet deine Sendung. Jetzt ist er entweder enttäuscht oder interessiert. Das hängt von der Idee des Mailings ab.
Sprich den Empfänger – falls möglich – mit seinem Namen an und fasse dich im Anschreiben so kurz wie möglich. Bevor du das Anschreiben verfasst: Halte dir vor Augen, wer mit wem spricht. Versetze dich in den Empfänger hinein. Ihn interessieren drei Fragen:

1. Wer schreibt mir?
2. Was bringt mir das?
3. Wie kann ich darauf reagieren?

Das Auge scannt das Mailing nach Antworten auf diese drei Fragen ab. Verweilt es länger als 0,2 Sekunden an einer Stelle, wird der fixierte Punkt bewusst vom Gehirn wahrgenommen. An dieser Stelle sollte nun eine der Fragen zufriedenstellend beantwortet werden. Kurz. Direkt. Und klar.
Beschäftige dich intensiv mit der Zielgruppe. Wenn du eine interaktive Idee verschickst: Frage dich selbstkritisch, ob die Zielgruppe sich Zeit dafür nehmen wird. Einer Werbesendung steht man erst einmal kritisch gegenüber. Aber wer sich schnell interessant machen kann und vermittelt, dass hier ein Vorteil für den Empfänger drin ist, hat gute Chancen, beachtet zu werden.

BMW: Früher sehen, was kommt. BMW hat in den BMW 7er eine Wärmebildkamera eingebaut, über die der Fahrer nachts Menschen und Tiere in großen Entfernungen auf einem Display sehen kann.
Die Marktforschung hatte herausgefunden, dass sich BMW-7er-Fahrer besonders für solche technischen Innovationen interessieren. Das wollte Jung von Matt/Alster nutzen, um die Zielgruppe über ein personalisiertes Mailing für Probefahrten zu gewinnen.
Die Idee: Das Anschreiben wurde schon außen auf den Briefumschlag gedruckt. Eine Headline brachte die Auflösung: »Früher sehen, was kommt. BMW Night Vision. Die Wärmebildkamera im BMW 7er.« Im Brief wurde die Innovation erklärt und der Empfänger zur Probefahrt eingeladen. Die Idee gewann Bronze beim Deutschen Dialogmarketing Preis.

AA: Hitch-Hiker. Die Agentur Wundermann verschickte Pappen mit der großen, handschriftlichen Aufschrift »London« und »Manchester«. Außen auf dem Mailing stand: »Something to get you home if you don't restart your AA membership« (eine Art ADAC). Dafür gab es einen Grand Prix in Cannes.

Pitsch Sport: Skiwaxbrief. Die »Agentur am Flughafen« hatte die Aufgabe, die umliegenden Skiclubs zum Wintereinkauf bei Pitsch Sport zu motivieren. Die Idee: ein Anschreiben mit Mehrwert. Zusammengeknüllt konnte der Brief zum Wachsen der Skier verwendet werden. Ergebnis: 47 Prozent der Angeschriebenen kauften ein. Für die Idee vergab der ADC eine Auszeichnung.

Promotion

Eine Promotion ist eine Aktion zur Verkaufsförderung. Früher hatten Promotions nur eine begrenzte Reichweite. Eine Aktion im Laden erreichte nur Kunden, die gerade im Shop waren. Heute kann man eine Dokumentation davon auf YouTube stellen – und so theoretisch eine Millionenreichweite erzielen. Überprüfe, ob es Sinn macht, die Offlineaktion mit Onlinemedien wie Facebook, Instagram oder Twitter zu verknüpfen. Du kannst den Menschen zum Beispiel auf einem Messestand ein aufregendes Erlebnis bieten und ihnen die Möglichkeit geben, sich dabei fotografieren zu lassen. Sie bekommen einen Link und einen individuellen Code, so dass sie sich die Bilder herunterladen können. Nun müssen wir den Menschen eine Motivation bieten, warum sie ihr Foto mit einem Hashtag posten sollten. Niemand macht auch nur einen Finger krumm, ohne dafür einen guten Grund zu haben. Wichtig ist auch, es den Menschen so einfach und bequem wie möglich zu machen, sich zu beteiligen. Je komplizierter das Mitmachen ist, desto geringer fällt die Beteiligung aus. Das Hashtag dient dazu, das Bild einem Motto zuzuordnen. Bei der Fußball-WM 2014 verwendete Mercedes-Benz zum Beispiel #BereitWieNie. Die Verlosung eines spannenden Gewinns könnte zum Beispiel ein Anreiz sein, mitzumachen. Du kannst das Foto auch so zum Download anbieten, dass es mit einem dezenten Link oder Slogan versehen ist. Das kann auf der anderen Seite aber dazu führen, dass manche Leute abspringen, weil ihnen so ein Bild zu werblich ist.

Hornbach: Der Hornbach Hammer. Die Agentur Heimat beschreibt die Aktion so: »Im Dezember 2012 erwarb die Baumarktkette Hornbach einen russischen Panzer und transformierte ihn in den ›Hornbach Hammer‹ streng limitiert auf 7000 Exemplare. Facebook, TV und Print enthüllten die Geschichte – vom Panzer zum Hammer – und steigerten so das Verlangen der Kunden.

tinyurl.com/hornbach-hammer

Die erste Teilauflage – exklusiv auf Facebook – war nach fünf Minuten ausverkauft, die Hämmer in den Märkten nach zwei Stunden. Die letzten 700 forderten leidenschaftliches Engagement der Verbraucher. 15 000 000 Impressionen später war auch der letzte Hammer ausverkauft.«[29] Für den Hammer gab es beim ADC zahlreiche Nägel. Und auch den ADC Grand Prix 2014.

Breuninger: Message in a Bubble. Die Agentur Jung von Matt/Neckar schreibt im ADC Jahrbuch: »Der Breuninger Department-Store hat eine der größten Parfümerien Deutschlands – und jetzt auch ein eigenes, exklusiv kreiertes Parfüm: ›B by M. Micallef‹. Unsere Aufgabe: eine Promotion, die den Duft bekannt macht. Die Idee: Eine neue Art von Dufterlebnis. Mit Parfüm gefüllte Seifenblasen schweben als fliegende Duftproben zu den Kunden. Wenn sie platzen, setzen sie den Duft frei. Kleine Flyer an den Blasen luden dazu ein, den Duft in der Parfümerie mitzunehmen.«[30] Die Arbeit erhielt beim ADC Silber in der Kategorie Promotion und eine Auszeichnung in der Kategorie Media.

---

29 ADC Jahrbuch 2014, Seite 333.

30 ADC Buch 2014, Seite 348.

tinyurl.com/breuninger-bubbles

Smart: Eball. Die Agentur BBDO Proximity Berlin beschreibt ihre Aktion so: »Der smart fortwo electric drive hat eine überraschend kraftvolle Beschleunigung. Das zeigen wir mit einem einzigartigen Probefahrt-Event: smart Eball macht Elektroautos zu Controllern.«

tinyurl.com/smart-eball

Und weiter heißt es: »Es funktioniert nach dem Prinzip des Computerspiels Pong – nur wird hier durch schnelles Vor- und Zurückfahren echter Autos gesteuert. So machen wir die außergewöhnliche Beschleunigung für jeden direkt erlebbar.«[31]

Die Arbeit erhielt beim ADC zwei Silbernägel, zwei Bronzenägel und zwei Auszeichnungen.

Out-of-Home

Wie der Name schon sagt: Hier geht es um Arbeiten, die draußen zu sehen sind. Zum Beispiel Plakate oder CLPs (City Light Poster), aber auch Promotions und Installationen (Ambient).

Ein Plakat muss plakativ sein. Das heißt: Lass alles weg, was du weglassen kannst. Ein Autofahrer, der an der Fläche vorbeifährt, soll die Botschaft erfassen können. Deshalb ist es so wichtig, die Gestaltung auf das Wesentliche zu reduzieren.

Bilder kommunizieren schneller als Texte. Es macht daher Sinn, mit Bildideen zu arbeiten. Das Bildmotiv sollte aus möglichst wenigen Elementen bestehen; es darf nicht zu kleinteilig sein. Am besten, du hast nur ein einziges Bildelement. Achte darauf, dass das Logo nicht zu klein und die Überschrift kurz ist (acht oder neun Worte).

Die Zukunft von Out-of-Home wird in der Verknüpfung mit Mobile und Online liegen. Hier werden wir in den nächsten Jahren sicher noch spannende Ideen zu sehen bekommen.

OBI: Renovated Billboards. An tristen Hausfassaden hat Jung von Matt für OBI Flächen renoviert, die dem Format eines Plakats entsprechen. Wer sagt denn, dass Plakate dort hängen müssen, wo sie immer hängen, und so gestaltet sein müssen, wie sie immer gestaltet sind? In diesem Fall wurden die renovierten Flächen zu Werbeflächen. Die Arbeit gewann zahlreiche Preise. Zum Beispiel ADC-Silber bei Out-of-Home/Ambient.

31 ADC-Jahrbuch 2012, Seite 129.

Lufthansa: Exit-Männchen. Oft greift Out-of-Home-Werbung geschickt das Umfeld auf, in dem sie stattfindet. Eine der ersten Ideen dieser Art, die ich kenne, war ein Lufthansa-Plakat an einem Flughafen. Die Kreativen von Springer & Jacoby hatten die Idee, das Männchen auf dem Exit-Schild unter der Plakatfläche in die Werbung einzubeziehen. Und so bildeten sie auf der Fläche lauter Exit-Männchen ab, die vor einem Stier flohen. »Madrid 399,–« lautete das knappe Angebot.

Content-Marketing

Content heißt Inhalt. Um was für Inhalte geht es hier? Es geht um Informationen, die dem Publikum etwas bringen. Entweder Inspiration. Oder Wissen. Oder Unterhaltung. Entscheidend ist, dass es nicht um Inhalte geht, die darauf abzielen, unmittelbar etwas zu verkaufen, also nicht um Werbung. Eine Content-Marketing-Website erinnert deshalb oft an den Auftritt eines Magazins. Die Tonalität der Inhalte unterscheidet sich stark von konventioneller Werbung. Dadurch wirkt das Ganze oft glaubwürdiger.
Interessant dazu das Zitat von Crispin Porter: »When most people think of advertising, they think of magazine ads, television commercials and billboards. We think it's anything that makes our clients famous. That's our job. And we make creative content that makes our clients famous.«

»Stop making ads! Start making content.«

Erin McPherson, Chief Content Officer Maker Studios

Hygiene-, Hub- und Hero-Content

Google unterteilt den Content für YouTube im *YouTube Creators Playbook for Brands* in drei Bereiche. Diese Einteilung kann man auch für Websites übernehmen.

1. **Hygiene-Content.** Was sucht die Zielgruppe in Bezug auf die Marke oder Branche? Was möchte sie wissen, was ist für sie relevant? Google spricht hier von immer verfügbaren Inhalten wie Tutorials, How-to-Erklärungen und Kundenservices. Der Hygiene-Content wird erstellt, damit die Marke für die Menschen bei Google gut auffindbar ist. Menschen suchen meistens nach Lösungen – und nicht in erster Linie nach Produkten.
2. **Hub-Content.** Inhalte, die man wie bei einer Fernsehserie regelmäßig veröffentlicht, damit die Leute immer wieder dorthin zurückkehren. Beim Hub-Content bespielen Unternehmen ihre Plattformen mit interessanten Inhalten. Dafür wird meistens ein monatlicher Redaktionsplan erstellt. Dort steht, welcher Beitrag wann veröffentlicht wird. Dabei geht man auf aktuelle Themen wie Weihnachten, Ostern oder WM/EM ein. Das Ziel ist, die Menschen dazu zu bewegen, regelmäßig auf die Seite zurückzukehren, den Blog zu abonnieren oder den Social-Media-Kanälen zu folgen. Dazu bieten sich Serienformate an.

3. **Hero-Content.** Der Hero-Content schließlich sorgt für Aufmerksamkeit durch kreative Highlights, die sich möglichst viral verbreiten sollen und so die Reichweite erhöhen. In der Regel verweisen diese Highlight-Maßnahmen auf den Heimathafen der Marke (meistens die Website) und erhöhen so den Traffic dort.

Wie so oft gilt auch im Redaktionsplan: Die Mischung macht's.

BMW: The Hire. Content-Marketing ist nichts Neues. Bereits 2001 hat die Agentur Fallon aus den USA für BMW eine achtteilige Kurzfilmreihe ins Internet gebracht. Am Branded-Content-Projekt waren Regisseure wie Guy Ritchie und Stars wie Madonna beteiligt. Der eigentliche Star – BMW – drängte sich nicht in den Vordergrund, sondern stellte sich in den Dienst der Geschichte. Bis heute ist dieses Projekt ein leuchtendes Beispiel für Werbung, die man sich gerne anschaut. Eben weil sie nicht wirkt wie Reklame, sondern wie eine interessante Geschichte. In Cannes wurde »The Hire« mit zwei Grands Prix gefeiert.

tinyurl.com/bmw-the-hire

15 Jahre später brachte BMW eine Hommage an die Filmreihe auf die Straße: den Actionfilm »The Escape«. Wieder hinter dem Lenkrad: Clive Owen. Sehenswert!

Coca-Cola: Journey. Coca-Cola Deutschland hat 2013 seine Corporate-Website durch das Onlinemagazin »Journey« ersetzt. Patrick Kammerer, Director Public Affairs and Communications bei Coca-Cola Deutschland, erklärt die Hintergründe: »Mit der alten Corporate-Website haben wir wie von einer Bühne heruntergepredigt. Das war nicht mehr zeitgemäß. Stattdessen fanden wir es wichtig, auf Augenhöhe und im Dialog zu kommunizieren. Dank unseres Social-Media-Monitorings wussten wir ja, dass die Leute Lust hatten, sich mit unseren Inhalten zu beschäftigen.«[32]

Journey bringt redaktionelle Beiträge aus unterschiedlichen Bereichen. Zum Beispiel Entertainment, Gesellschaft, Sport, Reisen, Musik, Film oder auch Kochen. Es gibt Formate wie die Kurzinterviewreihe »Trink 'ne Coke mit …«. Daneben fließen auch Corporate- und Markeninfos ein. »Wir versuchen, einen redaktionellen Blick auf die Dinge zu bewahren, greifen Themen auf, die zwar zu den Werten von Coca-Cola passen, aber nichts mit der Marke zu tun haben müssen«, erklärt Leane Zaborowski, Chefredakteurin von Journey.[33]

32 Müller, Fabian: Online-Magazin »Journey« feiert Zweijähriges. In: horizont.net, 11.5.2015. URL: *http://www.horizont.net/marketing/nachrichten/Coca-Cola-Online-...ey-feiert-Zweijaehriges--Kommunikationchef-im-Interview-134285*

33 Hebben, Miriam: Cokes digitale Reise. In: Horizont, Nr. 21/2014, 22.5.2014, Seite 15.

Dabei kann es auch Kooperationen zwischen Marken- und Unternehmenskommunikation geben. Passend zum Claim »Mach dir Freude auf« porträtierte Journey zum Beispiel Menschen, die anderen eine Freude machen.
Die Maßnahme reiht sich in die Kommunikationsstrategie von Coca-Cola ein. Sie heißt: Liquid & Linked. »Liquid steht dabei für das Schaffen von Inhalten, die sich mühelos verbreiten; Linked für die Verknüpfung der Inhalte über die Owned-Media-Plattformen hinweg. Dazu gehört auch ›Journey‹«, erklärt Zaborowski.
Der Ergebnis: Die neue Website bekommt 30 Prozent mehr Besucher als die Corporate-Seite. Laut Coca-Cola wurde Journey innerhalb von 12 Monaten von rund 1,5 Millionen Menschen gelesen. Die Quote der Leser, die nach dem ersten Artikel weiterlesen, liege bei über 70 Prozent. Mehr dazu gibt's unter *coca-cola-deutschland.de*.

Red Bull: Stratos. Am 14. Oktober 2012 erreichte der Extremsportler Felix Baumgartner in einer Druckkapsel, die an einem Heliumballon schwebte, die Stratosphäre. Er öffnete die Türe und sprang mit seinem Druckanzug todesmutig in die Tiefe. Mit der Aktion brach er fünf Weltrekorde. Sein Fallschirm öffnete sich und er landete wohlbehalten auf der Erde. Mission accomplished. Gesponsert wurde das Projekt von Red Bull. Dabei, so hieß es, sei es keineswegs darum gegangen, Werbung für Red Bull zu machen. Vielmehr sei es in erster Linie darum gegangen, medizinische Daten zu sammeln. Unter anderem, um Erkenntnisse über einen Notausstieg aus Raumfahrzeugen zu sammeln und um so die Sicherheit in der Raumfahrt zu erhöhen. Außerdem sei es darum gegangen, Menschen zu inspirieren, Großes zu wagen. Das klingt schon eher nach einer Markenbotschaft.
Red Bull engagiert sich im Sport massiv als Sponsor. Mit dem Stratos-Projekt ist es der Marke gelungen, eine Geschichte zu erzählen, die weltweit für Aufmerksamkeit gesorgt hat. In Deutschland wurde der Sprung von ntv live übertragen. 7,1 Millionen Zuschauer fieberten mit. Das entspricht einem Marktanteil von 19,9 Prozent. Geschätzten Investitionskosten von 50 Millionen Euro stehen unzählige Medienberichte und eindrucksvolle Erfolgszahlen in den sozialen Medien gegenüber. Zum Beispiel 366 Millionen YouTube-Aufrufe, 673 000 Facebook-Fans und 53 000 Twitter-Follower.[34]

34 Disselhoff, Felix: Stratos: Red Bull bricht Marketing-Rekorde. In: meedia.de, 15.10.2012. URL: *http://meedia.de/2012/10/15/stratos-red-bull-bricht-marketing-rekorde/*

Hasbro: Office War. Hasbro hat eine Spielzeugpistole für Männer: den Nerf-Blaster. Die Aufgabe: Den Blaster in der Zielgruppe »Adult men who are kids at heart« bekannt machen. Außerdem sollte der Abverkauf angekurbelt werden.

Die Mediaagentur Mediacom kreierte eine Branded-Entertainment-Kampagne mit der ProSieben-TV-Serie Stromberg. Der Nerf-Blaster kam in die Serie und wurde dort Teil des Büroalltags. Rund um dieses TV-Product-Placement wurden weitere Maßnahmen durchgeführt: Auf dem Portal *myspass.de* gab es einen Stromberg-Nerf-Shop, auf Facebook lockten Gewinnspiele. Eine Suchmaschinenoptimierung führte User, die nach »Stromberg Spielzeugpistole« suchten, zum Amazon-Shop von Hasbro. Zahlen über den Abverkauf liegen nicht vor, aber es konnten rund 500 000 Fans aktiviert werden, und der MySpass-Shop war zweimal ausverkauft. Als Sahnehäubchen gewann die Aktion einen silbernen Löwen in Cannes.

User Generated Content

Content muss nicht immer selbst erstellt werden.

Man kann externe Inhalte auch auf einer Website aggregieren (zusammenführen) und kuratieren (auswählen/betreuen). Stammen die Inhalte von Usern, spricht man von *User Generated Content* (UGC). Die Liebe zu User Generated Content ist im Marketing deshalb oft ausgeprägt, weil hier die Konsumenten selbst aktiv werden und in die Kampagne einbezogen werden. Hier ein Beispiel von Coca-Cola.

Coca-Cola: Ahh-Moments. Coca-Cola forderte seine Konsumenten auf, in kurzen Videos darzustellen, wie es sich anfühlt, wenn sie einen Schluck Coca-Cola trinken. Es ging um »Ahh-Moments«, wie die Werbung das nannte. Über 400 Videos aus der ganzen Welt wurden eingeschickt. Davon wählte das Unternehmen 40 aus und schnitt sie zu einem Video zusammen, das im Fernsehen und online gezeigt wurde.

Die Beiträge waren richtig gut gemacht. Und genau darauf kommt es in erster Linie an. Denn was bringen 400 000 UGC-Videos, die alle langweilig sind? Die Schwierigkeit bei UGC-Kampagnen ist nämlich: Man kann nie genau sagen, wie viele Leute mitmachen und wie die Qualität der Einsendungen ist. Am ersten Punkt kann man drehen, indem man zum Beispiel einen tollen Gewinn verspricht. Am zweiten Punkt kann man ansetzen, indem man zwei, drei inspirierende und gute Beiträge als Beispiele vorausschickt, damit sich die User daran orientieren können. Aber am Ende bleibt es dennoch ein kaum berechenbares Risiko.

Die Euphorie der ersten UGC-Jahre hat sich inzwischen gelegt. Viele Marketingabteilungen mussten die Erfahrung machen, dass es äußerst schwer ist, die Kunden zum Mitmachen zu bewegen.

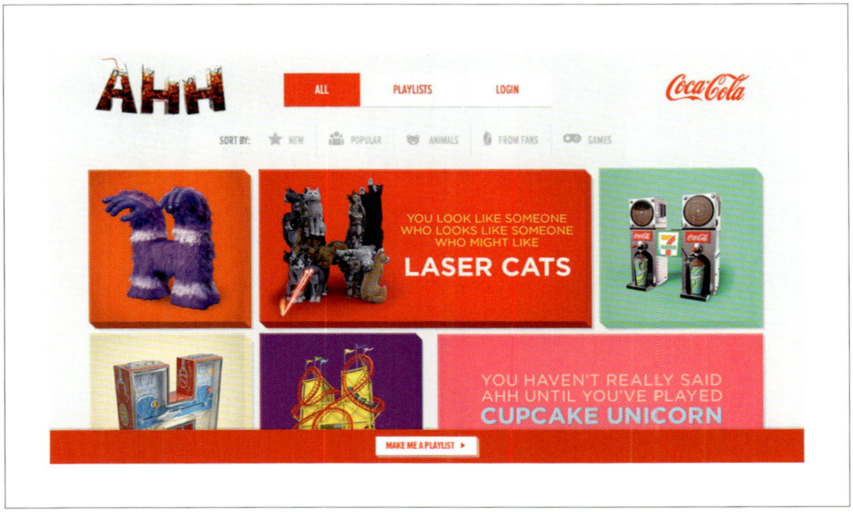

tinyurl.com/cocacola-ahh

#Lexusinstafilm. Der 2014 Lexus IS sollte auf der Fotoplattform Instagram junge Zielgruppen ansprechen. Um auf eine relevante Reichweite zu kommen, arbeitete Lexus mit über 200 populären Instagram-Fotografen zusammen. Lexus lud sie zu einem ganz besonderen Shooting ein. Gemeinsam mit einem Regisseur und einer Filmcrew erstellten die Fotografen über 350 Einzelfotos, die zu einem Videoclip zusammengeschnitten wurden. So entstand ein Autofilm, der auf Instagram lief. Jeder einzelne Fotograf war durch sein Foto bzw. seine Fotos Teil des Projekts.

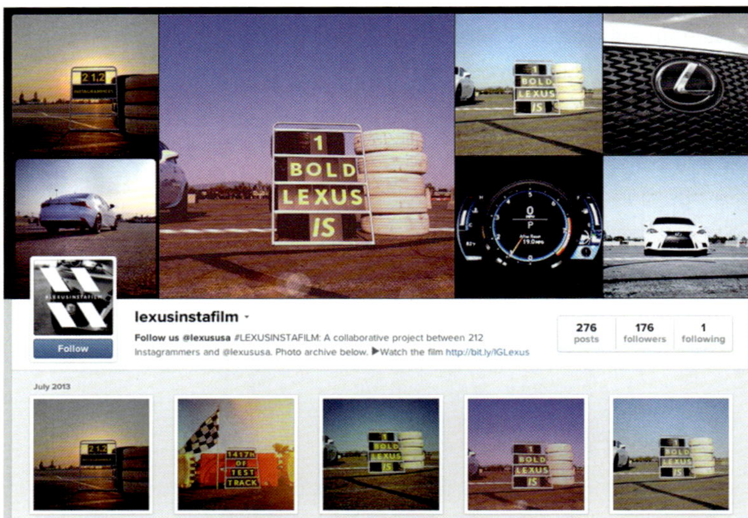

tinyurl.com/lexusfilm

Die digitale Ära

Schon bald wird uns die Milch in der Einkaufstüte freundlich darauf hinweisen, dass sie gerne gekühlt werden möchte. Im Kühlschrank wird sie mit den anderen Produkten besprechen, was die beste Temperatur für alle wäre. Die Entscheidung darüber wird dem Kühlschrank mitgeteilt, der sich entsprechend einstellt. Das Internet der Dinge macht's möglich.

Die Technik mag sich ändern, aber die Menschen bleiben die gleichen. Ihre Motivation, ihre Wünsche und Gefühle werden sich durch neue Technologien nicht verändern. Menschen werden weiterhin auf der Suche nach Lösungen sein, die ihr Leben einfacher, sicherer und schöner machen. Sie werden auch weiterhin nach Gemeinschaft, Liebe und Anerkennung streben.
Für uns bedeutet das: Innovationen verändern nicht die Grundsätze, nach denen wir Werbung und Kommunikation betreiben. Der Mensch wird immer ein Mensch bleiben. Und eine gute Idee eine gute Idee.
Als Marketer muss man vom Markt her denken. Man muss sich fragen, wie man seine Zielgruppe am besten erreicht. Wenn die Zielgruppe heute online ist, muss man als Marke ebenfalls online sein. Wenn sie nicht online ist, dann darf man sein Geld nicht online verpulvern – nur, weil das gerade hip ist.

Website-Typen

Eine Website ist dazu da, die Menschen zu informieren. Im Vergleich dazu bietet ein Portal auch interaktive Möglichkeiten (Yahoo, Facebook, eBay). Eine Microsite ist eine eigenständige Website, die sich tiefer mit einem Thema beschäftigt. Als Landing-Page bezeichnet man die Unterseite einer Website, die reduzierte Informationen zu einem Thema gibt.

Virals – die wundersame Kontaktvermehrung

2000 Jahre nach der wundersamen Brotvermehrung begegnet uns die nicht weniger erstaunliche Kontaktvermehrung. Marketingmanager bekommen glänzende Augen, wenn sie an Virals denken, die von den Menschen freiwillig untereinander in sozialen Netzwerken geteilt werden.
Virales Marketing funktioniert am besten mit Produkten, die man kennt und nicht erklären muss.
Diese Art von Werbung hat zwei Vorteile. Erstens: Das Unternehmen muss keine Werbung buchen, wie zum Beispiel TV-Spots, um seine Botschaft zu verbreiten. Und zweitens: Die Aufmerksamkeit, die man einem Film widmet, den man von einem Freund geschickt bekommt, ist viel höher, als wenn man ihn zufällig im Werbeblock sieht.

»Word of mouth is the best medium of all.«

Bill Bernbach

Virals gab es schon, lange bevor es das Internet gab. Damals sprach man allerdings nicht von einem Viral, sondern von einer Geschichte, die man unbedingt gehört haben muss. Die Bibel ist ein Beispiel dafür. Ihre Erzählungen sind so stark, dass sie Milliarden Menschen seit über 2000 Jahren faszinieren. Man kann also sagen, dass viele der stärksten Storys in der Bibel stehen. Adam und Eva, der Auszug aus Ägypten, David gegen Goliath – das sind Erzählungen voller Dramatik und Emotionen. Vielleicht sollten wir Kreativen doch ab und zu mal wieder in dieses Buch der Bücher schauen?
Eine Garantie für einen Viral-Hit kann es nie geben. Die Menschen teilen, was ihnen Spaß macht, cool ist und nicht wie nervige Reklame aussieht. Übrigens: Nur 20 Prozent aller YouTube-Videos werden mehr als 500-mal angeklickt und nur 4 Prozent aller YouTube-Videos werden mehr als 10 000-mal angeschaut.
Wie kann man nun virales Marketing verstärken? Man kann Arbeiten etwas anschieben. Mit Seeding und Influencern. Seeding kommt von »to seed«, also von aussäen. Damit ist gemeint, dass man die Idee gezielt dort im Netz verbreitet, wo sich die Zielgruppe aufhält. Mit Influencern sind Leute gemeint, die stark vernetzt sind und auf Social-Media-Kanälen eine hohe Reichweite haben. Das können zum Beispiel Journalisten, Blogger, Künstler, Schauspieler oder Musiker sein.
Was aber sind wirklich interessante Inhalte? Die GfK-Marktforschung hat 2008 untersucht, welche Inhalte weitergeleitet werden:

1. Witzige Unterhaltung (48,6 Prozent)
2. Außergewöhnliche Inhalte (35,8 Prozent)
3. Überraschende Clips (24,7 Prozent)
4. Spektakuläre Stunts oder Crashes (20,1 Prozent)

Niemand kann garantieren, dass die Inhalte geteilt werden. Das Publikum ist unberechenbar. In dieser Situation werden kreative Ideen, die Aufmerksamkeit erzeugen und begeistern, zum entscheidenden Faktor.
Was wirklich funktioniert ist Empfehlungsmarketing bzw. Word of Mouth oder Mundpropaganda. Wenn mir ein Freund ein Produkt oder eine Dienstleistung empfiehlt, dann wiegt das schwer. Einem Freund kann man schließlich vertrauen. Das Spiel »Quizduell« konnte auch deshalb so populär werden, weil man von einem Freund dazu eingeladen wurde. User 1 registriert sich. User 1 fordert User 2 zum Duell heraus. User 2 erhält die Einladung und registriert sich. User 2 fordert User 3 heraus etc.

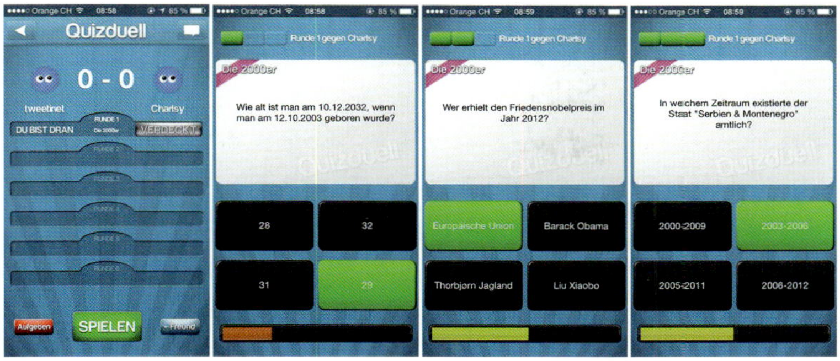

Bei der ALS Ice Bucket Challenge sollte jeder Teilnehmer mindestens drei weitere Personen nominieren. Auch das war ein simpler, aber wirksamer Mechanismus, die Challenge zu verbreiten.

Viele Menschen hören sogar auf Empfehlungen von Konsumenten, die sie gar nicht kennen. Wenn man auf Amazon.de ein Produkt kauft, kann man anschließend eine Bewertung dazu abgeben. Ist man sehr zufrieden, kann man fünf Sterne vergeben. Ist man dagegen enttäuscht, wird man wohl eher auf einen einzigen Stern klicken. Diese Bewertung fließt in die Gesamtbewertung ein.

Produkte mit vielen Sternen werden eher gekauft als Produkte mit weniger oder gar keinen Sternen. Die Käufer vertrauen also den Empfehlungen anderer Käufer. Schließlich sind diese Käufer neutral. Sie haben nichts davon, wenn sie Werbung für ein minderwertiges Produkt machen.

Persönliche Beziehung zum Kunden aufbauen

Nike UK hat nach Angaben der Marktforschungsgruppe Nielsen sein Budget für Fernsehwerbung von 2005 bis 2009 um 80 Prozent abgebaut. Dafür stieg im gleichen Zeitraum das Digitalbudget um 200 Prozent.[35]

Im Internet präsent zu sein, erlaubt Unternehmen, sich mit ihren Kunden auszutauschen. Es ist der Schritt vom Monolog zum Dialog. Für Marken geht es darum, eine persönliche Beziehung zum Kunden aufzubauen. Es geht darum, ihm ein interessantes, hilfreiches Markenerlebnis zu bieten. Und es geht darum, die technischen Möglichkeiten zu nutzen, um Geschichten noch besser zu erzählen. Noch besser heißt: interaktiv, intensiv und lebendig. Das führt zu mehr Reichweite, mehr Engagement und mehr Abschlüssen.

Ein weiterer Vorteil ist, dass man in Echtzeit Informationen sammelt, was funktioniert und was nicht. Likes, Shares, Klicks und die Verweildauer auf den Inhalten zeigen konkret an, wie hoch die generierte Aufmerksamkeit ist. Viele Fans auf Facebook zu haben, bringt für sich genommen wenig. Erst wenn es gelingt, sie zu aktivieren, bekommt das Ganze einen Wert. Wenn Menschen Markeninhalte mit Freunden teilen, werden sie zu Markenbotschaftern. Das ist die überzeugendste Werbung, die man sich vorstellen kann.

Paid, Owned und Earned Media

Im Marketing unterscheidet man zwischen drei Media-Bereichen:

- Unter **Paid Media** versteht man Medien, die man einkaufen muss, also zum Beispiel Fernsehwerbung, Onlinebanner oder Werbung in Magazinen.
- **Owned Media** fasst alle Kanäle zusammen, die dem Kunden gehören (Website, Facebook-Fanpage, Mobile Apps, Broschüren, Niederlassungen, Twitter-Kanal etc.).
- Und **Earned Media** schließlich bezeichnet die Posts, Shares, Tweets, Re-Tweets und so weiter, die man sich mit einer Maßnahme verdient hat.

35 Jones, Gareth: Nike: Just do digital. In: Revolutionmagazine.com, 9.1.2009.

Der Heimathafen der Marke: Die Website

Das Zentrum aller Aktivitäten ist in der Regel die Website oder der Corporate-Blog. Die Menschen müssen wissen, wo die Marke zuhause ist. Wenn sie den Namen googeln, muss das Zuhause der Marke erscheinen.
Marken nutzen ihre Social-Media-Kanäle, um mit den Menschen interagieren und kommunizieren zu können. Um Botschaften an sie zu senden. Und um Traffic für die Website bzw. den Blog zu generieren.
Bevor man sich aber über Social-Media-Kanäle Gedanken machen kann, muss also erst einmal die Website gut dastehen.

Häufige Begriffe

- **Responsive Webdesign** bedeutet reaktionsfähiges Webdesign. Eine Website wird so angelegt, dass sich ihre Elemente flexibel an das Gerät anpassen können, auf dem sie betrachtet werden.
- **Frontend und Backend:** Während man beim Frontend die Website so sieht wie der User, sieht man beim Backend nichts – außer Codes. Hier geht es um die Programmierung. Das Frontend ist näher am Nutzer, das Backend näher am System.
- **CMS** steht für Content Management System. Das ist eine Oberfläche, mit der man Inhalte auf einfache Weise und ohne Programmierkenntnisse auf eine Seite übertragen kann (Wordpress, Typo 3).[36]

Social Media

Die große Chance im Bereich Social Media liegt für Unternehmen darin, mit ihrer Zielgruppe in Dialog zu treten. In einem TV-Spot kann man nur senden, über Social Media kann man auch empfangen. Hier kann sich die Marke mit der Zielgruppe austauschen. Und im besten Fall sogar Teil der Community werden. Ein wesentliches Ziel ist es, eine persönliche Beziehung zwischen der Marke und dem Konsumenten aufzubauen.
Im schlechtesten Fall führt Social Media zu Shitstorms von unzufriedenen Kunden, die ihrem Ärger über schlechte Leistungen Luft verschaffen wollen.

36 Vortrag »Digital – Deutsch« von Kim Ney und Moritz Haenschen.

Wer also kein gutes Produkt hat, sollte sich zweimal überlegen, auf Social Media zu setzen.

Welche Ziele gibt es?

Bevor eine Marke im Bereich Social Media startet, sollte sich das Marketing klar darüber werden, welche Ziele damit verfolgt werden. Soll die Reichweite erhöht werden? Geht es darum, bis Ende des Jahres 1 Million neue Fans zu gewinnen? Soll die Kundenbindung erhöht werden? Geht es darum, den Abverkauf anzukurbeln?
Erst wenn die Ziele klar sind, kann man sich Gedanken über die Social-Media-Strategie machen.

Welche Rolle soll die Marke spielen?

Betrachtet man Social Media als eine Bühne, dann geht es bei der Strategie darum, festzulegen, welche Rolle die Marke auf dieser Bühne spielen soll.
Ist die Marke ein Entertainer, der gute Unterhaltung bietet? Oder eine Art Lehrer, der hilfreiche Lösungen oder Anleitungen vermittelt? Ein guter Freund, der die Menschen zuverlässig berät? Ein Kurator, der interessante Inhalte aus den Tiefen des Internets sammelt, sichtet, aufbereitet, sortiert und so die Menschen inspiriert? Oder ein Möglichmacher, der Menschen hilft, bestimmte Dinge zu erreichen? Eine Marke kann nicht alle Rollen gleichzeitig einnehmen, sondern muss sich fokussieren.
Wer Erfolg haben will, sollte sich fragen, wie die Marke über Social Media einen positiven Beitrag zum Leben der Zielgruppe leisten kann. Wie kann die Marke ihnen einen Mehrwert bieten, der gerne angenommen wird?
Das Feld Social Media ist ständig in Bewegung. Hier eine Momentaufnahme, bei der wir uns Facebook, Instagram, Twitter und Snapchat ansehen. Mario Winter, Director IT & Mobile Marketing bei Samsung Deutschland, fasst zusammen: »Twitter ist ein Dialog- und Servicekanal; Facebook ist ein Servicekanal mit hohem Informationsanteil und Instagram ist der richtige Ort für die emotionale Markeninszenierung.«[37] Der Auftritt eines Kunden muss in jedem Kanal einheitlich sein. Es geht darum, dass der Konsument das Gesicht und die Stimme der Marke sofort wiedererkennt und eindeutig zuordnen kann.

---

37 Campillo-Lundbeck, Santiago: Bilderdienst startet mit Samsung, Zalando und Co. in die Werbevermarktung. In: horizont.net, 20.4.2015, URL: *http://www.horizont.net/marketing/nachrichten/Instagram-Werbevermarktung-in-Deutschland-startet-mit-Samsung-Zalando-und-Co.-133971*

Facebook

Facebook hat 1,4 Milliarden aktive Nutzer weltweit und rund 28 Millionen in Deutschland. Seit auch ältere Menschen auf Facebook sind, ist die Plattform bei vielen Jugendlichen wieder out. Sie weichen aus auf die Facebook-Töchter WhatsApp und Instagram.

»Tolles Visual, starke Zeile: Was in einer Printanzeige funktioniert, funktioniert auch bei Facebook. Insofern unterscheidet sich das soziale Netzwerk nicht von anderen Medienkanälen.«[38]

Götz Ulmer, Geschäftsführer Kreation bei Jung von Matt/Alster

Werbung auf Facebook kann man präzise adressieren. Zum Beispiel nach Geschlecht, Alter, Land, Bundesland/Region, Stadt und vier bis zehn Interessen. Man kann das Tagesbudget auswählen und die Dauer der Werbung festlegen. Cleverer ist es, ich zahle kein Geld, sondern erarbeite interessante Beiträge, die meine Fans mit ihren Freunden teilen oder zumindest liken. Dadurch bekommt mein Post mehr Reichweite.

Leider erscheint bei Weitem nicht jeder Beitrag im News-Feed der Fans. Immer mehr Beiträge konkurrieren um einen begrenzten Platz im Feed. Ein Algorithmus entscheidet, welche der vielleicht 1.500 Meldungen pro Tag der Nutzer tatsächlich angezeigt bekommt. Der News-Feed-Algorithmus von Facebook wird angeblich von über 100.000 Faktoren beeinflusst. Hier die wichtigsten:

1. Wie populär waren frühere Posts des Absenders bei allen Nutzern? Gemessen in Likes, Shares, Klicks und Comments.
2. Wie kommt der Post bei den Nutzern an, die ihn bereits gesehen haben?
3. Wie populär waren die bisherigen Posts beim Nutzer, um dessen Feed es geht?
4. Handelt es sich um einen Post-Typ, den der Nutzer bevorzugt? Also zum Beispiel ein Video.
5. Wie alt ist der Beitrag?

---

38 Weber, Markus: Götz Ulmer über Kreativität im Social Web. In: wuv.de, 8.4.2015, URL: *http://www.wuv.de/agenturen/goetz_ulmer_ueber_kreativitaet_im_social_web*

Das bedeutet: Je populärer der Beitrag ist, desto höher ist die Chance, dass der Post im News-Feed angezeigt wird. Für uns heißt das: Wir müssen Inhalte erstellen, die begeistern. Inhalte mit Mehrwert. Inhalte mit Ideen.
Nico Westermann, Facebook, sagt zu diesem Thema: »Vereinfacht gesagt, schaut sich der Algorithmus zunächst das historische Verhalten der Menschen an. Wenn eine Ad dann online geht, lernt der Algorithmus in Echtzeit, wie die Menschen darauf reagieren, und entscheidet daraufhin, was für den Einzelnen interessant sein könnte und was nicht. Er versucht also zu verstehen, welche Inhalte für den einzelnen Menschen spannend und relevant und welche langweilig oder sogar nervig sind. So wird Kreativität zum Effizienzhebel: Besonders interessante Inhalte haben letztendlich günstigere Verbreitungskosten als irrelevante.«[39]
Vergiss nie, dass es sich bei Facebook um ein soziales Netzwerk handelt. Es geht darum, einen Dialog zu führen. Das Besondere an diesem Kanal ist, dass die Zielgruppe antworten kann – und soll. Also: Ermutige die Fans, auf Posts zu reagieren. Frage sie nach ihrer Meinung. Fordere sie auf, etwas zu tun. Kurzum: Aktiviere die Community.

»Unternehmen wollen oftmals einen Dialog mit potenziellen Kunden führen. Die potenziellen Kunden haben aber wesentlich weniger Gesprächsbedarf mit Marken.«

F. Scott Woods, Country Director DACH Facebook

Was macht erfolgreiche Posts aus? Content auf Social-Media-Kanälen ist kurzlebig. Ein Post auf Facebook hat eine Lebenszeit von wenigen Stunden. Damit der Beitrag eine größere Wirkung erzielt und länger lebt, muss er geteilt werden. Die Leute teilen, was sie wollen. Vorschriften kann man ihnen nicht machen, Regeln aufzustellen ist kaum möglich.
Hier der Versuch, einige Anhaltspunkte zu geben, die die Chance erhöhen, dass die Inhalte geteilt werden.

39 Unckrich, Bärbel: Facebook ist der Schminkspiegel des Internets. In: horizont.net, 2.4.2015. URL: *http://www.horizont.net/agenturen/nachrichten/Jean-Remy-von-Matt-Facebook-ist-der-Schminkspiegel-des-Internets-133686*

- Der Beitrag sagt etwas Neues, das für die Freunde des Empfängers relevant ist.
- Der Beitrag hat einen Nutzen, den der Empfänger mit seinen Freunden teilen möchte.
- Der Beitrag berührt und weckt Emotionen. Er überrascht zum Beispiel und löst ein Aha-Erlebnis aus. Der Empfänger möchte dieses Erlebnis mit seinen Freunden teilen.
- Der Empfänger teilt den Beitrag, um eine Aussage über sich selbst zu machen. A. Schau mal, was ich mir gerade angesehen habe – cool, oder? B. Schau mal, wie weit vorne ich bin, ich leite dir das Neueste weiter.
- Der Zeitpunkt der Veröffentlichung ist auf die Zielgruppe abgestimmt. Erfahrungsgemäß erreicht man die meisten Menschen am besten vor und nach der Arbeit.

Besonders erfolgreich sind Posts, die den Menschen einen Mehrwert bieten. Je individueller und persönlicher, desto besser. Aktionen, die eine Brücke von On- zu Offline schlagen, funktionieren ebenfalls gut. Es geht darum, dass etwa das Klicken auf *Like* einen unmittelbaren, interessanten Effekt in der realen Welt hat und der Fan diesen Effekt sofort erleben kann.

Appenzeller: Bank. So bekam zum Beispiel jeder neue Facebook-Fan von Appenzeller Käse einen eigenen Platz (mitsamt personalisiertem Schild) auf einer Holzbank in den Bergen. Auf diese Weise entstand die längste Bank der Welt. Die Community wuchs in nur vier Wochen von über 4000 Fans auf über 10000. Agentur: Contexta.

Facebook: Awards. Kommen wir nun zu einem anderen Thema: Den Konzepten. Denn auf Facebook sind nicht nur interessante Einzelbeiträge gefragt, sondern auch einfallsreiche Konzepte. Um sie zu fördern und für andere sichtbar zu machen, hat Facebook die Facebook Awards ins Leben gerufen. Beispiele der letzten Jahre kannst du dir hier ansehen:
https://www.facebook-studio.com/awards

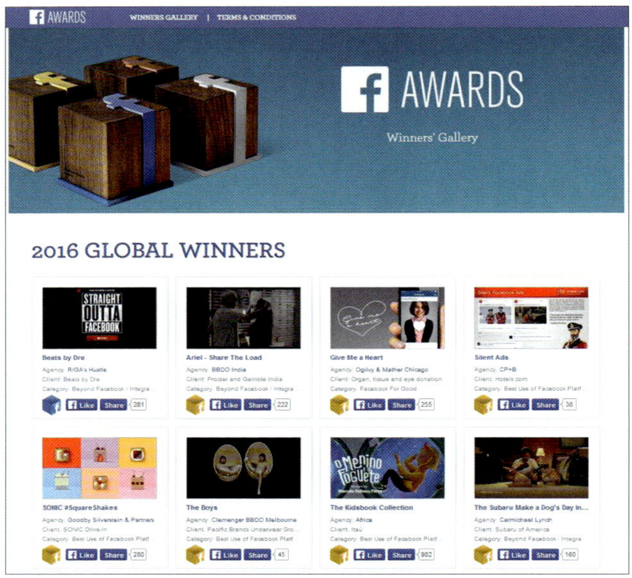

intel: Museum of Me. Auch bei diesem Beispiel werden die Informationen der Facebook-User genutzt. Intel wollte seinen neuen Prozessor bewerben. Die Lösung: Ein Geschenk für Facebook-User. Jeder Nutzer bekam seine eigene Ausstellung. Dargestellt in einem Video, in dem ein Rundgang durch die individuelle, persönliche Ausstellung zu sehen ist. An den Wänden der weitläufigen, futuristisch wirkenden Galerie hängen zum Beispiel Fotos von Facebook-Freunden. Die Fotos im Profil werden ausgelesen und kunstvoll im Museum arrangiert. Häufig benutzte Worte werden in einer digitalen Installation präsentiert. In einem Raum mit einem dreidimensionalen, riesigen Like-Daumen werden die Dinge gezeigt, für die man ein Like erhalten hat. Die Botschaft am Ende des Videos: »Visualize yourself.« Packshot: der intel CORE i5 Chip. Claim: »Visibly Smart.«

tinyurl.com/intel-museum-me

Das Ergebnis: 130 000 000 Aufrufe mit 540 000 Likes und 790 000 Shares auf Facebook allein in den ersten zwei Wochen. Agentur: Projector, Japan. Die Arbeit erhielt dreimal Gold, einmal Silber und zweimal Bronze in Cannes.

Burger King: Whopper Sacrifice. Um zu dramatisieren, wie begehrlich ein Whopper ist, ließ sich Crispin Porter + Bogusky für Burger King eine radikale Facebook-Promotion einfallen: Wer über eine App zehn Facebook-Freunde opferte, bekam einen Whopper gratis. Die Aktion war vorsorglich auf 25 000 Whopper begrenzt. Pikant: Die Opfer wurden auch im Facebook Activity Feed angezeigt. Schon nach wenigen Stunden berichteten die Medien über die provokante Aktion. Ziel erreicht.

tinyurl.com/burger-king-sacrifice

Twitter

Die Zahl der weltweiten Nutzer wird auf 320 Millionen geschätzt. Die Angaben für Deutschland schwanken stark, hier werden zwischen fünf Millionen Nutzern (statista.com) und zwölf Millionen Nutzern (Pressemitteilung von Twitter 2016) vermeldet. Twitter-Nutzer sind häufig Marketer, Medienschaffende, Influencer und Entscheider. Die Gesamtbevölkerung ist eher wenig an Twitter interessiert. Das solltest du beachten, wenn du dir für Twitter etwas ausdenkst.

Evangelisches Jugendwerk in Württemberg: Joseph twittert. Die Weihnachtsgeschichte in der Bibel gehört nicht gerade zur bevorzugten Lektüre junger Zielgruppen. Für die meisten sind Posts und Tweets interessanter. Jung von Matt/Neckar dachte sich: Wenn der Berg nicht zum Propheten kommt, muss der Prophet eben zum Berg kommen. Die Idee: Joseph von Nazareth twittert die Weihnachtsgeschichte.
Joseph bekam einen Twitter-Account und berichtete täglich pointiert und unterhaltsam von seinen Erlebnissen. Schon bald folgten ihm die ersten Jünger nach. »So viele Follower. Dabei folgt mir sonst noch nicht mal mein Esel,« kommentierte Joseph. Über 14 500 Follower begleiteten ihn, Maria und seinen Esel auf dem Weg zur Volkszählung. Sie hörten ihm zu, machten ihm Mut und gaben ihm Tipps.

Ein schöner Erfolg, der durch das Medienecho noch übertroffen wurde. Die Zeitung »Die Welt« brachte die Geschichte sogar auf der Titelseite. Unter einem Foto von Bundeskanzlerin Merkel und Nicolas Sarkozy berichteten die Journa-

listen über das Twitter-Phänomen Joseph von Nazareth: »Flapsig, aber bibelfest: Die Weihnachtsgeschichte aus der Sicht des Zimmermanns.«
»Die Welt Kompakt« widmete @joseph_von_naza eine komplette Doppelseite und druckte seine Tweets ab. Die Geschichte ging um die Welt. Der Fernsehsender abc news in den USA berichtete ebenso wie die Times in London, das Time Magazine, Bild, Spiegel-Online, The Independent, Fokus, heute.de und so weiter. Erst an Weihnachten enthüllte Joseph, dass er nicht nur als Zimmermann arbeitete, sondern auch für das Evangelische Jungendwerk tätig war. Ergebnis: 0 Euro Kosten, 14531 Follower, eine Medienreichweite von rund 70 Millionen Menschen weltweit, Platz 17 im weltweiten Twitter-Follower-Ranking, Platz 1 in Deutschland. Nicht schlecht für eine 2000 Jahre alte Story. Die Arbeit wurde beim ADC und dem NY Festival ausgezeichnet und gewann den Deutschen Onlinepreis.

Instagram

Die mobile Foto-App wächst rasant und hat mit rund 500 Millionen Usern Twitter überholt. In Deutschland sollen rund 9 Millionen Menschen Instagram nutzen (Zahlen von Januar 2016).
Marken gehen in der Foto-Community gern Kooperationen mit Fotografen ein, die bereits eine relevante Reichweite aufgebaut haben. TUI zum Beispiel hat zusammen mit Sylvia Matzkowiak (@goldie_berlin) einen #TUIPhotowalk auf der griechischen Insel Kos durchgeführt. *Influencer Marketing* oder *Instagram Marketing* nennt man solche Kooperationen. Sylvia Matzkowiak hat über 262000 Follower, die sich für das Thema Reise interessieren.

»My camera is just my technical equipment, I only shoot with my eyes.«

Sylvia Matzkowiak

Einfach nur Produktfotos auf reichweitenstarken Accounts abzubilden reicht nicht, um die gewünschten Effekte zu erzielen. Es geht darum, mit Bildern eine emotionale Geschichte zu erzählen. Es geht darum, Produkte aus einer eigenen Perspektive zu sehen und neu zu interpretieren. Es geht um einen besonderen Blick von authentischen Menschen.

Mercedes-Benz CLA: Take the Wheel. Um den Launch des CLA in den USA auf Instagram zu promoten, engagierte Mercedes-Benz fünf profilierte Instagramer mit hohen Followerzahlen und schickte sie in einem CLA auf einen Roadtrip. Fünf Tage lang ging es quer durch Amerika. Das Interessante daran: Wer mit seinen Fotos über den CLA die meisten Likes von den Fans bekam, durfte am Ende das Auto behalten.
Und auch die User konnten einen CLA gewinnen. Sie konnten sich mit ihrem Profilnamen bewerben. Der Fotograf, dessen Portfolio am besten den Spirit des CLA zum Ausdruck brachte, bekam die sechste Reise und den CLA.

tinyurl.com/mercedes-take-the-wheel

Snapchat

Snapchat hat weltweit rund 100 Millionen Nutzer, davon kommen 9 Millionen aus Deutschland (Stand April 2016). Der kostenlose Instant-Messaging-Dienst für Smartphones und Tablets ist vor allem bei der jungen Zielgruppe beliebt. Man kann Fotos und Videos verschicken (Snaps), die nur eine bestimmte Anzahl von Sekunden sichtbar sind und sich dann »zerstören« bzw. nicht mehr abrufbar sind. Interessant wird das Angebot nicht zuletzt durch lustige Echtzeit- und Geo-Filter, die man auf die Bilder und Videos anwenden kann.
Nachdem sich herausgestellt hatte, dass es leider doch nicht so einfach ist, einen Viralhit zu produzieren, wurde im Marketing ein anderer Weg immer populärer, wie man online auf Reichweite (vor allem bei der jungen Zielgruppe) kommen kann. Die Unternehmen starteten Kooperationen mit Influencern. Darunter versteht man eine Person, die einen oder mehrere Social-Media-Kanäle mit vielen Followern hat. Also YouTuber, Instagramer oder Blogger zum

Beispiel. Die Influencer werden als Markenbotschafter eingekauft und stellen die Produkte des Unternehmens mehr oder weniger geschickt vor.
Die Kunst besteht erstens darin, einen Influencer zu finden, der glaubwürdig vermitteln kann, dass er das Produkt wirklich gut findet, und als Persönlichkeit zur Marke passt. Und zweitens darin, dass die Empfehlung nicht als platte Reklame dargestellt wird. Ein schmaler Grat. Denn einerseits will der Influencer durch harte Reklame keine Follower verlieren, auf der anderen Seite erwartet das Unternehmen eine klare Empfehlung von ihm.

Fanta und Julien Bam. Youtuber Julien Bam kommt auf fast 3 Millionen Follower. Diese Reichweite wollte Coca-Cola dazu nutzen, den Snapchat-Kanal *fanta_de* bekannt zu machen und dort die Teenies zu erobern. Um die Zielgruppe auf die Aktion aufmerksam zu machen, verkaufte Fanta im Vorfeld Dosen und Flaschen mit dem Snapcode. Scannte man den Code mit der Snapchat-App, gelangte man auf den Kanal. Hier snappte der damals 27-Jährige dann 100-mal im Namen von Fanta. Michael Willeke, Director Integrated Marketing, erklärte dazu: »Wenn wir mit Markenbotschaftern und Influencern zusammenarbeiten, geben wir ihnen die Möglichkeit, authentisch zu kommunizieren. Auf der anderen Seite stellen wir natürlich auch sicher, dass der Botschafter mit der Marke vertraut ist und in einer Art und Weise agiert, die für die Marke steht.«[40] Agentur: Scholz & Volkmer

tinyurl.com/fanta-bam

40 Müller, Fabian: »Wie Fanta mit Youtuber Julien Bam die Teenie-Zielgruppe erobern will«. In: Horizont.de, 20.9.2016. URL: *http://www.horizont.net/marketing/nachrichten/Snapchat-Kampagne-Wie-Fanta-mit-Youtuber-Julien-Bam-die-Teenie-Zielgruppe-erobern-will-142866*

Blogger-Relations

Wir haben bereits festgestellt, dass Emotionen helfen, Geschichten in den Köpfen zu verankern. Blogger erzählen meistens persönlich gefärbte Geschichten. Dadurch sind ihre Artikel automatisch emotional und authentisch. Sie werden vom Publikum als glaubhafte Geschichtenerzähler gesehen. Erfolgreiche Blogger haben eine hohe Reichweite. Nicht nur auf ihrer Website, sondern auch in ihren sozialen Kanälen. Sie gelten als glaubwürdig und unabhängig. Werbung fühlt sich mit Hilfe von Bloggern nicht wie Werbung an, sondern wie die Empfehlung eines neutralen Experten.

Nike beispielsweise hat beim Launch des Mercurial Fußballschuhs auf Blogs gesetzt. Der Schuh wurde positioniert als *The fastest boot on Earth*. Videos zeigten Fußballer, die darum kämpften, als Erster am Ball zu sein. Die Spots wurden nicht im Fernsehen gezeigt, sondern gezielt an einflussreiche Blogger geschickt. Das Ergebnis: Die Kampagne brachte 432000 Unique Visitors auf die entsprechende Nike-Seite.[41]

41 Jones, Gareth: Nike: Just do digital. Revolutionmagazine.com, 9.1.2009.

Ich erinnere mich an ein Meeting, in dem es darum ging, Blogger in eine Kampagne einzubeziehen. Dabei gab es verschiedene Meinungen und Ansichten darüber, wie Blogger denken würden und was für sie interessant wäre. Am Ende des Meetings dachte ich mir: Es gibt nur eine zuverlässige Möglichkeit, herauszufinden, was Blogger wirklich wollen: Du musst selbst einer werden. Seitdem schreibe ich einen Reiseblog: *WowPlaces.de*. Auf diese Weise habe ich viel gelernt und ausprobiert. Zum Beispiel Kooperationen mit PR-Agenturen und Unternehmen, Gastbeiträge auf anderen Websites und Affiliate-Marketing (was das ist, erkläre ich gleich). Inzwischen hat der Blog über 45000 Follower, und das Projekt macht nach drei Jahren so viel Spaß wie noch nie.
Hier mein Zwischenfazit nach den ersten drei Jahren als Hobby-Reiseblogger.

Was wollen Blogger?

Kurz und schmerzlos gesagt: Blogger wollen Geld verdienen und Vorteile bekommen. Mir war das nicht bewusst. Ich dachte naiv, die meisten Leute würden einen Reiseblog betreiben, weil Reisen eben ihr Hobby sei. Doch das ist nur ein Teil der Wahrheit. Wenn man sich näher mit der Materie beschäftigt, stellt man fest, dass das Geldverdienen vielen Bloggern wirklich wichtig ist.

- Sehr beliebt sind dazu sogenannte *Packlisten*. Reiseblogger stellen in diesen Listen zusammen, was man Nützliches auf die Reise mitnehmen sollte. Doch diese hilfreiche Zusammenstellung ist meistens alles andere als selbstlos. Klickt der Leser auf den Produktlink, gelangt er zu einem Shop (sehr oft Amazon.de), wo er die Ausrüstung kaufen kann. Der Blogger bekommt für seine Vermittlung einen kleinen Anteil des Gewinns. Das nennt man Affiliate-Marketing.
- Eine weitere Einnahmequelle sind gekaufte Artikel (Sponsored Posts). Unternehmen bezahlen Blogger dafür, Produkte zu testen und zu empfehlen.
- Ebenfalls ein wichtiger Posten: Linkbuilding. Für Google ist ein Link nichts anderes als eine Empfehlung. Erhält zum Beispiel ein Onlineshop viele Links von hochwertigen Websites, dann ist das ein starkes Signal für die Qualität des Shops. Der Shop wird bei Google entsprechend weiter oben angezeigt. Allerdings sind gekaufte Links nach den Google-Richtlinien nicht zulässig. Sie müssen vom Blogger abgewertet werden, man spricht dann von No-Follow-Links. Bloggern, die sich nicht an diese Richtlinie halten, droht eine Abwertung im Google-Ranking. Linkbuilding ist übrigens auch für Blogger wichtig.

Zusammenfassend könnte man sagen: Blogger wollen Geld und Vorteile. Um das zu erreichen, brauchen sie attraktive Kennzahlen, also viele Klicks und viele Follower in den sozialen Kanälen. Erst dann sind Unternehmen bereit, Kooperationen mit ihnen einzugehen.

Wie kommt man auf viele Klicks?

Über die Inhalte. Die Inhalte des Blogs müssen so interessant und nützlich sein, dass man immer wieder gerne vorbeischaut und vielleicht sogar darauf verlinkt. Hinzu kommt: Die besten Kennzahlen bringen nichts, wenn die Inhalte dem Kooperationspartner nicht gefallen. Also steht und fällt alles mit den Inhalten.

»Wir müssen wieder stärker an unsere Inhalte glauben, statt ständig darüber nachzudenken, mit welchen Maßnahmen wir unsere Reichweiten erhöhen können.«

Frank Schirrmacher

Die Kontaktaufnahme mit dem Blogger

Ein Punkt, der mir immer wieder auffällt: Viele Blogger sind selbstverliebt. Sie posten ständig Fotos und Videos von sich, sprechen über sich und inszenieren sich, als wären sie ein Star. Mir selbst liegt das zum Glück nicht. Ich poste lieber Fotos von Sehenswürdigkeiten als von mir selbst. Aber bei vielen Bloggern ist das anders. Man könnte glauben, sie wären eigentlich lieber Model geworden und leben über ihren Blog nun den Wunsch aus, im Mittelpunkt stehen zu können. Für Unternehmen ist das eine große Chance, denn eitle Menschen sind sehr empfänglich für Komplimente und Möglichkeiten, sich selbst wichtig fühlen zu können.

Die Kontaktaufnahme und Kommunikation mit Agenturen und Unternehmen läuft fast ausschließlich über E-Mail. Man ist meistens schnell per Du, und der Umgang miteinander ist sehr respektvoll und höflich. Auf Standardanfragen reagieren Blogger meistens gar nicht. Man möchte das Gefühl haben, dass sich die Agentur oder das Unternehmen zumindest etwas mit dem Blog beschäftigt hat. Je individueller und maßgeschneiderter die Anfrage, desto höher die Aussicht auf Erfolg. Wenn dann auch noch ein Kompliment für einen konkreten Post dazu kommt, dann ist zumindest die Antwort so gut wie sicher.

Individuelle Inhalte für Blogger

Manche PR-Agenturen bieten Bloggern kostenlose Inhalte an, die ihren Followern angeblich etwas bringen. Zum Beispiel hübsch aufbereitete Schaubilder oder ganze Artikel. Das klingt dann zum Beispiel so:
»Wir verfassen unsere Artikel selbst, liefern hochwertige Inhalte und strukturieren die Texte so, dass sie für den Leser den größtmöglichen Mehrwert bieten. Außerdem könnten wir Ihnen bei Bedarf auch gerne Bildmaterial mitsenden. Somit würden Sie einen komplett fertigen Artikel erhalten.«
Netter Versuch. Blogger sind ja nicht dumm. Hilfreiche Inhalte sind ihnen zwar wichtig, aber sie wollen lieber einen Sponsored Post verkaufen, als kostenlos Inhalte zu posten, von denen auch Unternehmen profitieren. Dabei ist die Grundidee mit den Inhalten gut und richtig. Aber die Inhalte müssen individuell sein. Masseninhalte sind uninteressant. Als Blogger möchte ich einzigartige Inhalte. Wenn es auch nur eine einzige Website auf der Welt gibt, die ebenfalls diese Inhalte hat, lehne ich sofort ab. Der Grund: In den Augen von Google sind doppelte Inhalte kein gutes Zeichen. *Doubled Content* wirkt sich negativ auf das Google-Ranking aus. Und dieses Ranking ist zentral wichtig für Blogger, denn Google bringt oft die meisten Besucher auf die Website.

Gegengeschäfte

Gegengeschäfte sind eine unterschätzte Möglichkeit, mit Bloggern zu kooperieren. So ist es für viele Blogger reizvoll, wenn das Unternehmen verspricht, auf den eigenen sozialen Kanälen auf den Blog zu verweisen. Denn für den Blogger bedeutet das: zusätzlicher Traffic, also mehr Klicks und womöglich neue Fans. Gegenseitig Links zu setzen wäre auch ein schönes Gegengeschäft, verstößt aber leider gegen die Google-Richtlinien.

»Euer übergeordnetes Ziel ist es, Nutzer für eure Website zu gewinnen und nicht Suchmaschinen.«

Google im Dokument »Einführung in Suchmaschinenoptimierung«

Und was lernen wir daraus? Blogger sind sehr offen für Kooperationen, aber man muss sie persönlich ansprechen und ihnen klare Vorteile bieten. Zum Beispiel individuelle, exklusive Inhalte. Oder eine Möglichkeit, sich selbst toll in Szene zu setzen. Oder eine Aktion, die ihnen schmeichelt und ihnen ermöglicht, eine wichtige Rolle einzunehmen (etwa Teil einer Jury zu sein). Oder das Unternehmen bietet ihnen ein SEO-Training (Suchmaschinenoptimierung), einen Foto-Workshop oder die Teilnahme an einem Blogger-Event zum Networking an. Auch Gegengeschäfte sind eine attraktive Möglichkeit, Blogger zu einer Kooperation zu bewegen.

Mobile

Seit es Smartphones gibt, haben wir unseren Minicomputer immer und überall mit dabei. Die Netze werden ständig schneller, und so können wir im Handumdrehen mit unseren Handys online gehen, Artikel lesen, recherchieren, shoppen, Filme schauen und so weiter. 2015 gab es hierzu eine interessante Nachricht: »Es ist offiziell: Google erhält mobil mehr Suchanfragen als von Desktops«, schrieb das t3n-Magazin.[42] Einschränkend muss man hinzufügen, dass das 2015 nur in 10 Ländern der Fall war, inklusive der USA und Japan. Aber die Tendenz ist eindeutig. Deshalb wird Mobile als Kanal für Werbung immer wichtiger. Mobile hat zwei große Vorteile:

1. Man kann die Funktionen überallhin mitnehmen und
2. man kann sie auf individuelle, persönliche Zwecke abstimmen.

Trotzdem tun sich die Kreativen noch schwer damit. Im Moment gibt es herausragende Kreation vor allem in Verbindung mit Apps, die einen Mehrwert stiften.

L'Oréal: Makeup Genius. Bevor Frauen ein Kosmetikprodukt kaufen, wollen sie es ausprobieren. Doch das ist in vielen Läden nicht möglich. Oder es dauert lange, sich durch das Angebot zu probieren. Dank der Makeup Genius App geht das Testen jetzt ganz einfach und im Handumdrehen. Man muss nur die App installieren, sein Gesicht kalibrieren (das dauert 2 Sekunden), das gewünschte Kosmetikprodukt auswählen und – oh Wunder – man sieht sich auf dem Handy-Display damit geschminkt. Nicht als starres Bild, nein: Man sieht sich selbst als geschminktes Echtzeitbild. Das Display wird zu einem Zauberspiegel, in dem man geschminkt ist.

---

42 URL: *http://t3n.de/news/google-mobile-suche-anfragen-608634/*

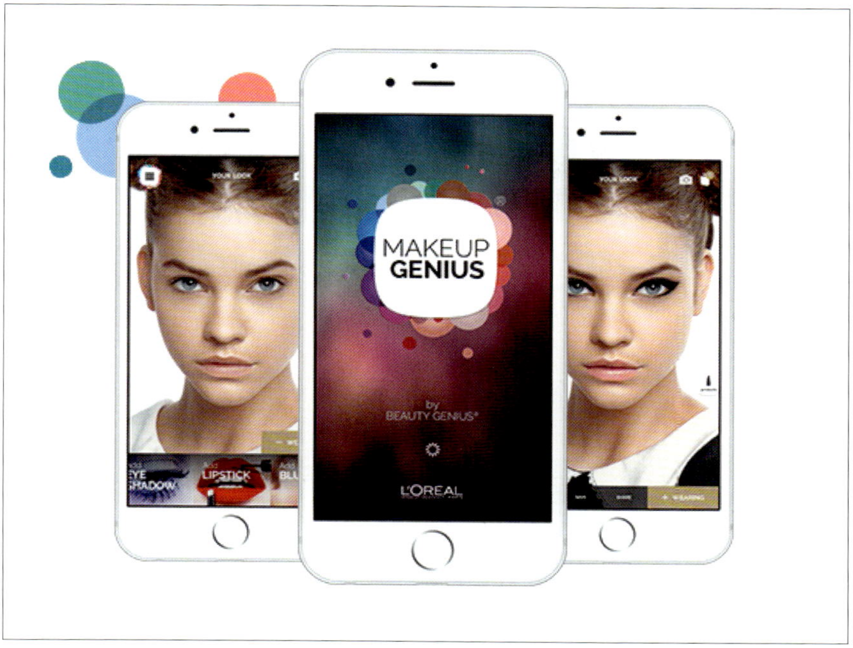

tinyurl.com/Loreal-makeup-genius

Möglich wurde diese Innovation durch eine Kooperation mit der Firma Image Metrics, die auf Gesichtserkennungssoftware für Videospiele und Filme spezialisiert ist. Die App kann zwischen Lippen, Augen und anderen Gesichtsteilen unterscheiden.

Man kann auch neue Produkte im Laden einscannen, Looks speichern und an Freunde auf Twitter oder Facebook verschicken. Der Beiname »Genius« ist also nicht ganz unberechtigt. Entwickelt wurde die App vom Connected Beauty Incubator von L'Oréal USA und der Agentur McCann Paris.

13th Street Universal: The Witness. Das Handy begleitet uns fast immer. Das kann man nutzen, um Menschen interaktiv an einem Szenario zu beteiligen. Das Problem ist dabei allerdings, dass man vorher meistens eine Anwendung herunterladen muss. Das ist eine Barriere, die nicht jeder überspringt. Die Motivation muss schon entsprechend groß sein.

Die Kreativen von Jung von Matt/Spree entwickelten für den Relaunch von 13th Street Universal ein Spiel: The Witness. Die Teilnehmer erlebten am Tatort über ihr Smartphone einen »Real-Life-Film« und mussten selbst Entscheidungen treffen, die sich auf die Geschichte auswirkten. So wurden sie selbst zu Helden oder virtuellen Mordopfern. Der Aktion ging eine Phase voraus, in der man sich als Augenzeuge bewerben konnte. Die Arbeit gewann beim ADC Bronze und drei Auszeichnungen.

tinyurl.com/13th-the-witness

Smart: TXTBKS. Tablets und E-Reader verdrängen die schweren Schulbücher. Aber auf den Philippinen können sich viele Familien diese Geräte nicht leisten; selbst die günstigsten Tablets kosten mehr als einen Monatslohn. Smart, der größte Telekommunikationsdienstleister des Landes, wollte eine Lösung finden. Und nutzte dafür ein Gerät, das wirklich so gut wie jede Familie hat: ein altes analoges Handy. Diese Handys verwandelte Smart mit der Initiative »TXTBKS« in E-Reader.

In Zusammenarbeit mit Schulbuch-Verlagen verdichteten Autoren die Schultexte auf 160-Zeichen-Text-Nachrichten. Sie löschten die Kontaktliste im

Handy und ersetzten sie durch ein Inhaltsverzeichnis. Mit einem SIM-Reader und einer SIM-Schreibsoftware übertrugen die Autoren die Schultexte auf SIM-Karten. Die Kinder mussten nun keine Bücher kaufen und mit sich herumschleppen, sie mussten einfach nur ihr Handy mitnehmen. Auf diese Weise sank das Gewicht der Schultaschen um 50 Prozent, die Teilnahme am Unterricht stieg um 90 Prozent, und das Schulministerium prüft nun sogar, die TXTBKS im ganzen Land einzusetzen.

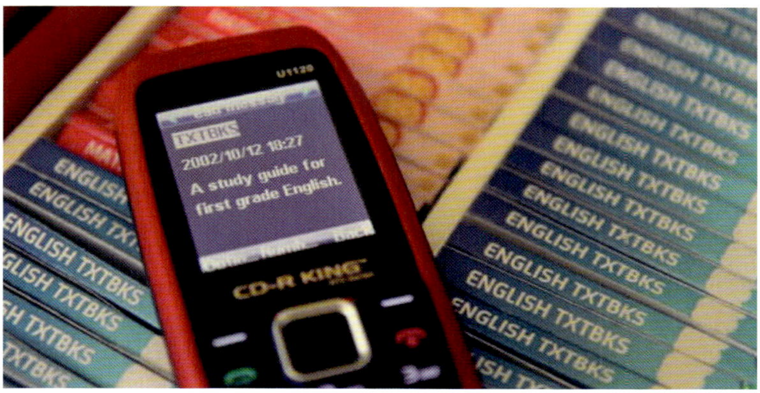

tinyurl.com/Smart-TXTBKS

KAPITEL 10
STARTHILFE

Jetzt wird es ernst. Du weißt nun alles, was du wissen musst, um selbst Werbung zu gestalten, die für Aufmerksamkeit sorgt.
»Moment, Moment«, denkst du dir vielleicht. »Das geht mir jetzt aber doch ein bisschen schnell. Das war alles so viel! Virals, Social Media, Leitideen, Positionierungen – mir schwirrt der Kopf. Wo und wie soll ich bloß anfangen?«
Um es dir etwas leichter zu machen, geht es in diesem Kapitel genau um diese Fragen.

So fängst du an

Nur noch schnell Facebook checken. Nur noch schnell eine rauchen. Nur noch schnell dieses, nur noch schnell jenes. Wir finden ständig Ausreden, um nicht anfangen zu müssen.

Keine Angst vor dem leeren Blatt

Hier ein paar Tricks, wie du ohne Umwege direkt anfängst.

- Schreibe den Briefingsatz ab – und schon hast du angefangen. In den USA gibt es einen schönen Spruch für diese Technik: *First say it straight – then say it great.* Das ist schlauer, als auf ein leeres Word-Blatt zu starren und auf die geniale Eingebung zu warten. Versuche nun, den Briefingsatz interessanter auszudrücken.

- Überprüfe, ob in der DNA der Marke eine Idee steckt (Name, Design, Historie, Wesen/Prinzip des Produkts, Philosophie des Kunden).
- Frage dich, wie die Marke dazu beitragen kann, dass das Leben der Zielgruppe bereichert wird. Wie kann sie einen echten, relevanten Nutzen stiften?
- Als Nächstes kannst du der Reihe nach die zehn Kreativmechanismen und die zehn Schubladen durchgehen.
- Oder du schreibst erst einmal alle Worte und Wendungen auf, die dir zum Thema einfallen. Betrachte die Worte genau. Oft kommt man dadurch schon auf eine Idee.

Spiele mit den vorhandenen Informationen

Lass deiner Phantasie freien Lauf. Assoziiere, denke, träume.
Betrachte das Problem aus verschiedenen Perspektiven: Versetze dich in einen Brasilianer. Wie würde die Kampagne von einem Kreativen aussehen, der ohne Texte und nur mit Bildern arbeitet? Wie würde ein Engländer die Aufgabe mit britischem Humor lösen? Was würde die Topagentur Wieden+Kennedy machen?
Was würde das Produkt selbst sagen, wenn es sprechen könnte? Stell dir vor, dir würde das Unternehmen gehören. Was würdest du tun? Welche Strategie soll dein Unternehmen weiter nach vorne bringen? Betrachte das Ganze mit den Augen eines Reporters. Wo steckt die packende Story, die alle hören wollen?
Lass jeden Gedanken zu. Das Aussortieren und rationale Hinterfragen kommt später. Jetzt geht es erst einmal darum, deinen Kopf zu entleeren. Was fällt dir zum Thema ein? Selbst der größte Unsinn kann dich auf eine Idee bringen. Halte einfach alles fest. Mit Stichworten und schnellen Zeichnungen. Fasse dich so kurz wie möglich.
Weitere Kreativtechniken und Impulse findest du übrigens in meinem Buch »Das Buch für Ideensucher«, das ebenfalls im Rheinwerk Verlag erschienen ist.

**»Creativity isn't a process,
advertising is a process.«**

John Hegarty, BBH

Welche Ansatzpunkte gibt es immer?

Arbeite mit dem Briefing. Lies es dir immer wieder durch. In jedem Briefing steckt auch schon der Ansatz für eine Lösung.
Analysiere die Konkurrenz. Sieh dir an, welche Werbung die Konkurrenz macht. Damit weißt du schon mal, was nicht möglich ist. Versuche eine Lösung zu finden, die so einfach ist, dass noch niemand darauf gekommen ist.
Beschäftige dich mit der Zielgruppe. Tauche in ihre Gedankenwelt ab. Versetze dich in sie hinein. Was fühlst du? Was möchtest du? Was spricht dich an? Versuche zu verstehen, was die Zielgruppe antreibt.

Du steckst fest? Du kommst absolut nicht weiter?

Versuche, dir eine möglichst schlechte Idee auszudenken. Was wäre die schlimmste Werbung für das Produkt, die du dir vorstellen kannst? Meistens ist der Gedanke daran so unterhaltsam, dass gleich noch ein paar Ideen dazukommen, die nun wieder in eine gute Richtung gehen.
Mach dich locker. Hab Spaß! Versuche, das Ganze nicht zu ernst zu nehmen. Meistens sieht man es guten Kampagnen an, dass sie mit Spaß entstanden sind. Wenn du Spaß hast, ist die Wahrscheinlichkeit groß, dass auch dein Publikum Spaß hat.

»Creativity is intelligence having fun.«

Albert Einstein

Wann denkt es sich am besten?

Von einigen Kreativen habe ich gehört, sie arbeiten 60 Minuten hochkonzentriert – und machen dann etwas anderes. Dann denken sie wieder angestrengt nach – und entspannen den Kopf anschließend wieder. Diese Akkordeon-Technik kannst du ausprobieren.
Oder aber du gehst genau andersherum vor: du gönnst dir keine Pause und denkst einfach immer weiter.
Sehr gut ist es auch, wenn du in der Mittagspause herumläufst. Manchmal kommen die besten Ideen, wenn man »so halb an das Thema denkt«, es sozusagen im Hinterkopf hat.

Schritt für Schritt zur Lösung

1. Lies das Kunden- und das Agenturbriefing.
2. Informiere dich über das Unternehmen, die Konkurrenz und die Situation auf dem Markt. Wie funktioniert das Geschäft? Um welches Problem geht es wirklich?
3. Hinterfrage das Briefing. Macht die Herangehensweise Sinn?
4. Schau dir an, wie das Unternehmen in der Vergangenheit kommuniziert hat.
5. Beschäftige dich mit der Werbung der Konkurrenz. Auch international. Was ist die Benchmark in dem Bereich?
6. Versuche eine möglichst gute Vorstellung davon zu bekommen, wer die Zielgruppe ist und wie du sie erreichen kannst.
7. Frage dich, wie die Zielgruppe denkt und fühlt. Was will sie? Was ist für sie relevant und interessant? Wie kann die Marke dazu beitragen, ihr Leben zu verbessern? Wo gibt es mögliche Schnittmengen zwischen Zielgruppe und Marke?
8. Entwickle eine Leitidee, eine Vision, ein übergreifendes Konzept, eine Plattform, ein Dach, unter dem du die einzelnen Maßnahmen versammeln kannst. Kontrollfrage des Konsumenten: »Was hat das mit mir zu tun?«
9. Stimme die Leitidee mit dem CD ab. Frag auch jemanden nach seiner Meinung, der nicht im Team und im Thema ist.
10. Wenn die Leitidee steht: Setze dich an die einzelnen Maßnahmen.

So wirst du immer besser

Nach einer Weile kannst du Zwischenbilanz ziehen und überlegen, welche Idee interessant ist. Nutze dabei die Überlegungen aus Kapitel 5, wo es um exzellente Ideen ging.
Kreation ist keine Mathematik. Es kommt sehr darauf an, wie hartnäckig man nach einer Lösung sucht und welchen Anspruch man an sich selbst stellt. Mittelmäßige Kreative geben sich mit mittelmäßigen Ideen zufrieden. Exzellente Kreative bleiben immer unzufrieden. Selbst dann, wenn sie schon eine gute Lösung haben. Wie weit willst du gehen?

Ein simpler Trick: Bleib sitzen – und zwar so lange, bis du eine wirklich sehr gute Lösung gefunden hast.

Die Übung »ADC-Buch«

Blättere ein ADC-Buch durch und frage dich bei jeder Arbeit: Nach welchem Mechanismus funktioniert diese Werbung? Versuche, sie in eine der zehn Ideenschubladen einzuordnen – oder erfinde eine neue Schublade. Frage dich auch: Warum hat diese Arbeit einen Preis bekommen?
Wenn du diese Übung jeden Tag 15 Minuten machst, wirst du automatisch zu deutlich besseren Ergebnissen kommen. Du vertiefst deine Kenntnisse über Mechanismen, bekommst ein Gefühl für exzellente Kommunikation und motivierst dich durch die tollen Arbeiten. ADC-Bücher gibt es in Büchereien. Oder du klickst auf *gewinner.adc.de* und siehst dir die Arbeiten online an.
Etwas Neues entsteht auch, wenn du zwei bekannte Dinge auf neue Weise kombinierst. Das können auch Arbeiten aus dem ADC-Buch sein. Wichtig ist aber, dass durch die Kombination etwas wirklich Neues entsteht. Nachmachen ist uncool und tabu.

Die Übung »Magazin«

Blättere ein Magazin durch und frage dich bei jeder Anzeige, ob du sie gut oder schlecht findest. Frage dich bei den Guten, warum sie gut sind und welcher Mechanismus dahintersteckt. Frage dich bei den schlechten Motiven, was die Marke wohl eigentlich sagen wollte und wie man das besser ausdrücken könnte.

Die Übung »Eine Stunde Vollgas«

Setze dich unmittelbar nach dem Briefing hin und denke dir eine Stunde ohne Pause konzentriert etwas aus. Du kannst diese Übung auch im Team machen. Es ist erstaunlich, wie viel einem innerhalb einer Stunde einfallen kann.

So stellst du deine Ideen vor

Ich empfehle dir, Headlines mit einer Zeile Abstand untereinander auf eine Seite zu schreiben und auszudrucken. Eine Zeile Abstand reicht. Der CD kann sich so ganz auf jede einzelne Headline konzentrieren.

Wenn du Konzepte vorstellst, empfehle ich dir, nur einige Bilder auszudrucken und den Claim oder die Leitidee zu formulieren. Alles Weitere kannst du dem CD persönlich erklären. Es geht darum, effizient zu arbeiten. Investiere Zeit ins Ausdenken, nicht ins Aufbereiten. Bilder haben auch den Vorteil, dass sich der CD bei der Bewertung nicht erst durch lange Texte quälen muss (Wie ging noch mal das erste Konzept?).
Der CD muss deine Konzepte bewerten. Mit halbgaren Aussagen wie »Wir könnten etwas mit Quadrokoptern machen« kann der CD nichts anfangen. Du musst ihm konkrete Ideen liefern.
Halte nur Ideen hoch, die du selbst gut findest. Im schlimmsten Fall wählt der CD eine Idee aus, die du gar nicht haben wolltest.
Fertig aufschreiben solltest du TV- und Funkspots. Aber auch hier gilt: Halte dich kurz. Ein TV-Skript sollte möglichst auf eine Seite passen. Einige Moodbilder oder ein Moodfilm (etwa von YouTube) helfen dir, klarzumachen, was du im Kopf hast.
Wenn der CD eine Idee gut findet, dann bereite sie so auf, dass man sie dem Kunden vorstellen kann. Schreibe nicht für den CD als Zielgruppe, sondern für den Kunden. Dein CD hat weder Zeit noch Lust, alle deine Ideen so umzuformulieren, dass er sie dem Kunden präsentieren kann.

The Big Picture

Fassen wir kurz das Allerwichtigste zusammen:
Grundlage jeder wirksamen Werbung ist eine **Analyse der Situation** (Markt, Wettbewerb, Zielgruppe, Stärken und Schwächen des Produkts bzw. Unternehmens).
Auf dieser Basis muss eine klare, differenzierende, langfristige **Positionierung** erarbeitet werden.
Sie ist die Basis für die **Strategie** und die **Leitidee**.
Im nächsten Schritt überlegen wir uns, wie und wo wir die **Zielgruppe** am besten erreichen.
Dort erzählen wir die **Geschichte** – und zwar so, dass wir das Wesen des jeweiligen Medienkanals optimal nutzen.
Ein **eigenständiger Auftritt** sorgt dafür, dass unsere Werbung wiedererkannt und erinnert wird (Design, Sprache, Sound, Look and Feel).

Ständig prasseln Informationen auf die Menschen ein. Sie blenden das Gewöhnliche aus. Nur das **Außergewöhnliche** beachten sie. Deshalb muss Kommunikation von der Norm abweichen und Regeln brechen. Je emotionaler, packender und überraschender sie ist, desto besser bleibt sie im Kopf. Der Weg ins Hirn führt über das **Herz**.

In einer Welt voller Marketing-Blabla und Buzzwords ist der gesunde Menschenverstand unser Kompass.

Aufmerksamkeit ist die wichtigste Währung der Welt. Gemessen in Likes, Shares, Klicks, Comments, Blicken und Verweildauer. Von dieser Währung hängt ab, ob Kommunikation wirkt oder nicht. Denn wer nicht beachtet wird, kann auch nichts vermitteln.

Unsere Werbung darf die Menschen nicht nerven, im Gegenteil! Wir müssen ihnen ein interessantes **Geschenk** machen. Sie schließen ein Tauschgeschäft mit uns ab: Aufmerksamkeit gegen einen Nutzen, Unterhaltung oder um die Welt ein bisschen besser zu machen.

Ständig entstehen neue Technologien und Kanäle. Davor müssen wir keine Angst haben. Denn auch in 100 Jahren noch wird der Mensch ein Mensch sein. Mit all seinen Fehlern, Wünschen, Bedürfnissen, Hoffnungen, Ängsten und Träumen. Wir müssen ihm die Frage beantworten: **Was hat das mit mir zu tun?** Außerdem müssen wir ihm klarmachen, wie unser Angebot ihm helfen kann, ein besseres Leben zu führen.

Wenn wir eine Idee entwickeln, sollten wir zunächst prüfen, ob wir sie aus der **DNA der Marke** ableiten können. Ideen dieser Art sind einzigartig.

Ist das nicht möglich, denken wir über **Insights** nach. Kampagnen dieser Art basieren auf den Gedanken und Wünschen der Menschen. Unsere Aufgabe ist es, eine Geschichte zu erzählen, die in unserem Publikum etwas auslöst. Es gibt viele Wege zum Ziel. Die wichtigsten zwei Regeln auf dieser Reise lauten:

»Get noticed.«

Trevor Beattie, Beattie McGuinness Bungay

»Don’t be boring.«

David Abbott, Abbott Mead Vickers/BBDO

KAPITEL 11 **ZEHN TIPPS FÜR KREATIVE**

Im Folgenden stelle ich dir zehn Tipps vor. Eigentlich sind es sogar elf. Tipp Nummer elf lautet: *Lass dir Tipps geben.* Das ist leider nicht selbstverständlich. Manche Kreative denken irgendwann, schon alles zu wissen und keine neuen Impulse mehr zu benötigen. Das Schlimmste für sie ist, ihre Ideen mit dem CD abstimmen zu müssen. Denn der CD hat ja eigentlich keine Ahnung und weiß ihre brillanten Ideen einfach nicht zu würdigen. Ich hoffe, du gehörst nicht zu diesen Kreativen und bleibst offen für Hinweise. Man muss ja nicht jeden Tipp annehmen. Aber vor Arroganz und Größenwahn sollte man sich hüten.

Tipp 1: Halte die Augen offen

Sir John Hegarty von BBH meinte einmal: »Gute Ideen sind überall. Sie umgeben uns.« Dein Job ist es, sie zu erkennen. Inspiration gibt es tatsächlich überall. In der BILD-Zeitung ebenso wie in der FAZ, in der U-Bahn, im Fußballstadion oder nachts in der Eckkneipe. Überall laufen ständig Geschichten ab. Die Frage ist: Bemerkst du sie? Hast du ein Auge dafür? Oder bist du mit deinen Gedanken nicht im Hier und Jetzt, sondern woanders?

Zitate bekannter Werbeikonen zum Thema

»Stay in touch with the world, be curious, ask ›why?‹. Read things that others don't read and feed your creative soul.«[43] – Sir John Hegarty

»Ich beobachte Menschen auf der Straße, lese Magazine und Tageszeitungen, schaue Fernsehen und Musikclips. So erkenne ich, was die Leute denken, und kann sie wieder an das Offensichtliche erinnern. Es gibt in Brasilien ein Liebeslied, in dem es heißt: ›Ich bin blind, weil ich dich zu oft sehe.‹ Ich will die Leute von dieser Blindheit befreien.«[44] – Thomas Lorente, Gründer der brasilianischen Agentur Age und Gewinner unzähliger Cannes-Löwen

Schau dir auch an, was es schon für großartige Kommunikationsideen gibt. Zum Beispiel im ADC Buch oder im Cannes-Archiv. Das motiviert, sich ebenfalls etwas Tolles zu überlegen. Und es hilft dir, Dubletten zu vermeiden. Klar, macht Sinn, denkst du dir und willst schon weiterlesen – doch halt! Halt, mein Freund, nicht so schnell. Dieser Tipp bringt nur dann etwas, wenn du ihn auch wirklich umsetzt. Beschäftige dich jeden Tag 15 Minuten mit Gewinnern von Kreativwettbewerben – und du bist schon nach wenigen Monaten ein ganz anderer Denker. Schick jetzt gleich eine E-Mail an dich selbst, die dich morgen früh daran erinnert. Trag dir einen Termin in deinen Kalender ein. Mach ein Eselsohr ins Buch oder einen Knoten ins Taschentuch. Kurzum: Mach! Jetzt! Etwas! Zur! Erinnerung! Wenn du aus diesem Buch nur diesen einen Tipp mitnimmst, hast du schon viel für deine Zukunft getan.
Eine sinnvolle Idee ist es auch, ab und zu die Websites von exzellenten Agenturen zu besuchen und ihre Arbeiten anzusehen. Hier einige Vorschläge:

- Agentur Wieden+Kennedy: *www.wk.com*, *www.wklondon.com*
- Agentur 72andSunny: *www.72andsunny.com*
- Forsman & Bodenfors, Schweden: *www.fb.se*
- R/GA New York: *www.rga.com*
- Agentur Ogilvy & Mather, London: *www.ogilvy.co.uk*
- adam&eveDDB, London: *www.adamandeveddb.com*
- Heat, San Francisco: *www.sfheat.com*
- MullenLowe, China: *www.lowechina.com*

---

43 Maxwell, Chris: »My business life«. In: *www.director.co.uk, Juni 2014.*

44 Hamboch, Heike: »Ich will die Leute von der Blindheit befreien«. In: w&v, Nr. 49/2002, Seite 65.

- Droga5, New York: *www.droga5.com*
- Agentur AMV, BBDO: *www.amvbbdo.com*
- Agentur TBWA: *www.tbwachiatday.com*
- Agentur BBH: *www.bartleboglehegarty.com*

Noch ein wichtiger Punkt: Die Welt ist in Bewegung. Was heute gilt, muss morgen noch lange nicht gelten. Facebook ist im Moment angesagt. Aber ob das in fünf Jahren noch genauso sein wird, kann niemand sagen. Es kommt also darauf an, sich ständig up to date zu halten.
Aber wie? Entweder, du sprichst mit Leuten, die sich auskennen. Oder aber, du wirst selbst zum Experten. Variante zwei ist sicher die bessere Lösung.
Einen Einblick ins Programmieren bekommst du zum Beispiel auf *code.org*. Hier spielst du ein Tutorial durch, das mit der Grafik von Spielen wie Angry Birds arbeitet. Du löst spielerisch Aufgaben und lernst etwas über die Grundzüge des Programmierens. Ja, ja, ich weiß, das klingt für viele Leser zu mühsam. Aber klick einfach mal auf die Seite. Du wirst erstaunt sein, wie zugänglich das Thema hier aufbereitet ist.
Einsteiger fangen am besten mit C und C++ an. Wer sich dafür interessiert, sollte sich das C-Tutorial von Elias Fischer ansehen: *http://www.c-howto.de*.
Halte dich auch auf dem Laufenden, was in der Branche passiert. Hier einige Adressen. Picke dir die heraus, die dich ansprechen.

- Fachzeitschrift werben & verkaufen: wuv.de
- Fachzeitschrift Horizont: horizont.net
- Fachzeitschrift new business: new-business.de
- Fachzeitschrift ADWEEK: adweek.com
- Magazin für Onlinemarketing: adzine.de
- Das Magazin für digitales Business: t3n.de
- Magazin für Design, Code, Business: page-online.de
- Dialog über alle Medien: onetoone.de
- Kreativmagazin: creativity-online.com
- Creative Advertising Archive: adsoftheworld.com
- Creative Advertising Archive: luerzersarchive.net
- Cannes Lions Archive: canneslionsarchive.com
- Kreativclub und Wettbewerb: adc.de
- Blog/Magazin: designmadeingermany.de

Tipp 2: Kompliziert verliert: Vereinfache

Die Formel $E = mc^2$ reduziert jahrelange, hochkomplexe Forschungsarbeit auf wenige Elemente. Sie hat Substanz und Eleganz. Sie ist schlicht, aber dabei intelligent. Exzellente Kommunikationslösungen sind genauso. Sie reduzieren die Dinge. Sie sind ganz einfach. So einfach, dass noch nie jemand darauf gekommen ist.
Schnitzer können aus Holzblöcken erstaunliche Kunstwerke anfertigen. Sie schneiden einfach alles weg, was nicht nach der Figur aussieht.
Mit Kampagnen ist es ähnlich: Schneide weg, was mit dem Ziel nichts zu tun hat. Und: Überlege dir in jedem Bereich, wie man die Dinge noch simpler gestalten kann.

»Die Zahl derer, die durch zu viele Informationen nicht mehr informiert sind, wächst.«

Rudolf Augstein

Man darf Konsumenten nicht überfordern. Gerade, wenn es um Botschaften geht. Am besten ist: eine Kampagne, eine Botschaft. Diese Botschaft kann man durchaus in drei oder vier verschiedenen Motiven ausdrücken. Aber achte darauf, dass die Zielgruppe nicht mit zu vielen verschiedenen Dingen bombardiert wird. Sonst kann sie sich am Ende gar nichts merken. Kompliziert verliert.
Marketing und Werbung betreibt man am besten mit gesundem Menschenverstand und einfachen Überlegungen. Also: Keine Angst, wenn du ohne Harvardabschluss ins Rennen gehst.

Tipp 3: Riskier' was

Sichere, richtige Lösungen sind nicht das Beste, was du dir ausdenken kannst. Du kannst mehr. Viel mehr. Aber dazu musst du auch ab und zu über deinen Schatten springen und mutig sein. Trau dich was! Sag ruhig mal Nein. Schließlich bist du kein Finanzbeamter, sondern ein Kreativer. Du darfst das.

Zitate zum Thema

»A friend of mine whose father had links with the IRA was in a spot of bother, so he went to his father for advice. He said: ›Dad, I'm in trouble.‹ The father asked: ›Are they going to kill you?‹ He said: ›Oh no, no.‹ His father said: ›Son, you don't have a problem.‹« – Paul Arden

Achilles: »Soldaten (...) tun, was man ihnen sagt. Sie sterben, wenn man es ihnen befiehlt.« Patroklos: »Soldaten gehorchen eben.« Achilles: »Du bist verloren, wenn du dem Befehl eines Narren gehorchst.« – Troja, Drehbuch: David Benioff

Ich habe schon erlebt, dass Kreative die Strategie als »zu schwach« abgelehnt und selbst eine Alternative entwickelt haben. In dem Fall, der mir gerade einfällt, wurde am Ende die Strategie des Kreativteams präsentiert. Sogar die Plannerin war der Meinung, dass die Idee der Kreativen überzeugender war. Das zeugt von Größe und macht deutlich, dass es hier um keine mathematisch präzise Wissenschaft geht, sondern um eine Teamleistung.
Alle arbeiten nach bestem Wissen und Gewissen zusammen, um am Ende eine erstklassige Lösung präsentieren zu können. Persönliche Eitelkeiten schwächen das Ergebnis.

»The future, as always, belongs to the brave.«

Bill Bernbach

»If you don't make mistakes you're no longer on the frontier. The mistakes you make should be mistakes no one has ever made before.«[45]

Neil Tyson, Astrophysicist

45 Hamboch, Heike: »Ich will die Leute von der Blindheit befreien«. In: w&v, Nr. 49/2002, Seite 65.

Tipp 4: Sei hartnäckig

Die wichtigste Eigenschaft eines Kreativen ist der felsenfeste Wille, eine erstklassige Lösung zu finden. Man braucht nicht unbedingt viel Talent. Aber man braucht Hartnäckigkeit, Ehrgeiz und die richtige Einstellung. Ein eiserner Wille ist mehr wert als großes Talent. Denn wer wirklich Gas gibt und seine PS unbedingt auf die Straße bringen will, der wird eines Tages alle anderen im Rückspiegel sehen. Hartnäckigkeit schlägt Talent.
Oft scheitern talentierte Texter daran, dass sie sich schon mit ordentlichen Lösungen zufrieden geben. Wer Arbeiten abliefern will, die begeistern, muss weiterdenken.
Warte nicht darauf, dass andere dich motivieren. Motiviere dich selbst. Sag nicht: Okay, ich versuche jetzt mal, eine einigermaßen druckfähige Lösung zu finden. Sag auch nicht: Okay, ich glaube zwar nicht so recht daran, aber ich versuche trotzdem, eine wirklich gute Lösung zu finden. Sag dir lieber: Verdammt noch mal! Ich setz mich jetzt auf meinen Hosenboden und steh nicht eher auf, bis ich eine supergeile Lösung gefunden habe. Ich kann das und ich mach das jetzt!
Und noch ein Punkt: Halte dich von Kollegen fern, die chronisch schlecht gelaunt sind und immer alles doof finden. Bewahre dir den Glauben an das Gute und eine positive Einstellung.
Abschließend hier noch ein Zitat von Muhammad Ali: »Champions aren't made in gyms. Champions are made from something they have deep inside them: a desire, a dream, a vision. They have to have last-minute stamina, they have to be a little faster, they have to have the skill and the will. But the will must be stronger than the skill.«

Tipp 5: Haushalte mit deiner Kreativkraft

Wer schlau ist, überlegt sich genau, bei welchen Jobs er seine volle Kreativpower einsetzt. Es gibt Jobs, bei denen kreative Exzellenz weder honoriert noch erwartet wird. Solche Jobs kann man sauber und schnell wegarbeiten. So hat man Zeit für die wirklich wichtigen Aufgaben.

Die Welt der Kreativagenturen ist verführerisch. Wie eine Parallelwelt, in der eigene Gesetze gelten. Awards und Pitchgewinne sind die Droge, die Kreative zu immer neuen Höchstleistungen anspornt. Das ist gut und schön, wenn man es nicht übertreibt. Achte darauf, dass dein Leben nicht nur aus Arbeit besteht. Sorge dafür, dass deine Gesundheit, deine Freizeit und dein Privatleben nicht zu kurz kommen. Am Ende deines Lebens wirst du rückblickend sicher nicht beklagen, dass du zu wenig Zeit in der Agentur verbracht hast.

»Du erntest, was du säst.«

Altes Sprichwort

Tipp 6: Setze dir ein ehrgeiziges Ziel

Dabei kommt es nicht darauf an, dass du dein Ziel erreichst. Es kommt darauf an, dass du dir überhaupt ein Ziel setzt. Nehmen wir an, du willst eine Kampagne auf den Weg bringen, die beim ADC Gold gewinnt. Das ist ein schönes Ziel. Am Ende reicht es vielleicht »nur« für Bronze. Aber stell dir vor, dein Ziel wäre ein Bronze-Nagel gewesen. Wahrscheinlich hätte es dann nicht mal für eine Auszeichnung gereicht.

Tipp 7: Bring deinen Ideen Wertschätzung entgegen

Werfe gute Ideen nicht weg. Hebe sie auf. Wer weiß, vielleicht gibt es schon in wenigen Monaten einen anderen Marketingleiter und die Situation schreit geradezu nach deiner Lösung.
Für diesen Zweck habe ich den Ideentresor entwickelt. Das ist ein Aktenordner, der so bedruckt ist, dass er aussieht wie ein Tresor. Dahinein kommen die Ideen, die ich persönlich für wert erachte, in der Zukunft bedacht zu werden. Vielleicht legst du dir auch so einen Ordner zu?

Tipp 8: Sei ein Stehaufmännchen

95 Prozent der ausgedachten Lösungen landen im Papierkorb. Das ist hart. Aber kein Grund, zynisch zu werden oder den Job an den Nagel zu hängen. Wenn es also mal nicht so gut läuft: Gib nicht auf, sondern Gas. Sei ein Stehaufmännchen. Lerne, mit Kritik umzugehen. Lob bringt dich nicht weiter, Kritik schon.

Tipp 9: Geh deinen eigenen Weg

Im Bereich Werbung, Medien und Marketing sind viele Klugschwätzer unterwegs. Überlege dir, von wem du einen Ratschlag annehmen willst. Und selbst dann, wenn du bis jetzt wohlwollend mein Buch gelesen haben solltest: Nimm nicht alles hin, was hier steht. Überlege selbst, welchen Tipp du sinnvoll findest und welchen nicht. Finde deinen eigenen Weg.

»Your time is limited. So don't waste it living someone else's life. Don't let the noise of other's opinions drown out your own inner voice.«

Steve Jobs

Tipp 10: Glaube an dich selbst

Vertraue auf deine eigene Kraft. Du hast mehr Talente und Fähigkeiten, als du ahnst. Lass dich einfach machen. Verstecke dich nicht hinter deinem Monitor oder hinter Kollegen. Übernimm Verantwortung. Überwinde deine Hemmungen und pack den Stier bei den Hörnern. Du wirst sehen: Plötzlich wird aus dem wilden Stier ein zahmes Kätzchen. Just do it.

KAPITEL 12
NÜTZLICHE HINWEISE ZUM SCHLUSS

Willkommen zuhause: Bewerbungstipps

In den USA gibt es den Spruch »Your portfolio makes or breaks you.« Diese Aussage gilt auch in Deutschland. Je kreativer die Agentur ist, desto kreativer sollte auch die Mappe des Bewerbers sein.
Am besten, du stellst deine Mappe online. Die Zeiten, in denen man mit einer überdimensionalen Ledermappe auf Tour ging, sind zum Glück vorbei. Eine Möglichkeit ist, dir zum Beispiel auf *www.behance.net* ein Profil anzulegen.

Hinweise zur Mappe

Frage dich, was der Kreativchef sehen will. Das hängt von zwei Dingen ab: der Position, um die du dich bewirbst, und der Agentur, zu der du willst. Ein Texter oder Artdirector zum Beispiel sollte fertige Kampagnen in der Mappe haben, während von einem Juniortexter oder Grafiker etwas weniger erwartet wird. Eine Agentur mit starken digitalen Wurzeln will sicher auch Kreative, die sich in diesem Bereich auskennen.
Der größte Denkfehler, den Junioren an dieser Stelle machen, ist anzunehmen, die Arbeiten in ihrer Mappe müssten wirklich erschienen sein. Tatsächlich ist das aber völlig egal. Schließlich geht es darum, was du machen kannst. Und nicht darum, was du schon veröffentlicht hast.

Zum Aufbau der Mappe: starker Anfang, starker Schluss, möglichst wenig dazwischen. Halte dich kurz. Lieber drei Kampagnen, die beim ADC gewonnen haben, als 75 Ideen, von denen nur die eine oder andere ausgezeichnet wurde. Schwache Ideen schwächen die starken. Versuche, nur wirklich exzellente Ideen zu zeigen. Frag Kollegen nach ihrer Meinung, wenn du dir unsicher bist – was die Regel sein wird und völlig normal ist.
Beginne möglichst mit einer integrierten Kampagne, also einer Kampagne, die intelligent Offline- mit Onlinemaßnahmen verknüpft. Großartige Einzelideen sind gut und schön – aber zeige das möglichst nicht am Anfang. Da solltest du beweisen, dass du in vernetzten Kampagnen und umfassenden Konzepten denken kannst.

Unterschätze nie die Macht eines Copytests

Ich habe bei Jung von Matt schon Junioren ins Team geholt, die keine gute Mappe hatten. Dafür hatten sie aber einen ausgezeichneten Copytest und einen ausgeprägten Ehrgeiz. Ein Copytest besteht aus einer Reihe von Praxisaufgaben und ist von Agentur zu Agentur verschieden. Meistens lässt man ihn Bewerber machen, die noch keine richtige Mappe vorweisen können oder denen man trotz nicht überzeugender Mappe eine Chance geben will. Nutze dieses Angebot. Lass dir Zeit. Eine Woche kannst du dir schon nehmen, um den Test zu bearbeiten.
Früher haben sich Bewerber manchmal mit verrückten Ideen beworben. Ein junger Mann etwa hatte sich als Eisverkäufer verkleidet. Er drückte dem CD ein Eis und seine Mappe in die Hand und war sicher, eine außerordentlich kreative Vorstellung geliefert zu haben. Gegen solche Ideen ist nichts einzuwenden, solange sie den Betrieb der Agentur nicht aufhalten. Wirklich nötig sind sie nicht. Ein gut getextetes, kurzes Anschreiben reicht völlig aus, um sich ins Gespräch zu bringen.

Welche Agentur darf's denn sein?

Früher gab es nur zwei richtig heiße Kreativagenturen in Deutschland, zu denen alle wollten: Springer & Jacoby und Jung von Matt. Heute gibt es viele. Sie zu finden ist aber nicht so einfach, wie man vielleicht denkt. Theoretisch muss man nur ins Kreativranking schauen. Aber hier fangen die Schwierigkeiten schon an: In welches Kreativranking? Das von der Fachzeitschrift w&v? Das vom Konkurrenzmagazin Horizont? Oder in das Ranking vom Manager Magazin? Der ADC bietet auch ein Ranking an. Ebenso wie die Magazine new-business und Page. Die Rankings unterscheiden sich durch die Awards, die sie berücksichtigen. Und durch die unterschiedliche Gewichtung der Awards. Grundsätzlich funktionieren alle Rankings so, dass eine Agentur für jeden Award eine bestimmte Punktzahl bekommt. Je mehr Punkte die Agentur sammelt, desto weiter oben steht sie im Ranking.

Es gibt gute Gründe für Awardshows. Zum einen zeigen ihre Gewinnerarbeiten, was Geniales möglich ist. Sie motivieren und inspirieren alle, die in der Branche arbeiten. Sie zeigen, wo die Reise hingeht und wo der Hammer hängt. Leider sind nur die wenigsten Kampagnen draußen auf der Straße gut genug, um einen Award zu gewinnen. Das ist ein Armutszeugnis für die deutsche Werbung. Schuld daran sind alle Beteiligten. Der scheinbare Ausweg: Prototypen, die extra für die Awardshows produziert werden. Ich denke, ohne diese Prototypen würde es noch düsterer aussehen. Also freue ich mich über jede gute Idee. Aber unser Ziel muss sein, wieder verstärkt mit den breit sichtbaren Kampagnen zu punkten.

Was bedeutet das nun für deine Bewerbung? Es bedeutet, dass du dir die Agenturen und deine Chefs genau ansehen solltest. Vielleicht wirst du auf Agenturen stoßen, die zwar im Kreativranking weit oben stehen, aber im Tagesgeschäft nur Mittelmaß zustande bringen. Vielleicht wirst du ein Network kennenlernen, das auch im Tagesgeschäft kreative Highlights entwickelt, aber den Kauf jedes Kugelschreibers ein halbes Jahr im Voraus von seinem Headquarter in New York absegnen lassen muss. Vielleicht bist du sofort Feuer und Flamme für die Arbeiten einer Agentur – und hörst dann, dass der Kreativchef gern mal Wutanfälle bekommt und seine Leute zusammenbrüllt. Schau also genau hin. Und frage konkret nach, auf welchen Etats und mit welchen Leuten du arbeiten würdest. Sprich vorher mit deinem Teampartner. Überlege dir, ob du wirklich so viel Zeit mit diesem Menschen verbringen möchtest.

Ist der CD fähig, dich voranzubringen? Wie ist die Atmosphäre in der Agentur? Nimmt die Agentur an Awardshows teil? Oder ist ihr Ehrgeiz in dieser Richtung nicht ausgeprägt? Gerade am Anfang deiner Karriere sind Awards wichtig und hilfreich. Sie zeigen dir, dass du exzellente Ideen entwickeln kannst, geben dir Selbstbewusstsein und steigern deinen Marktwert.

Picke dir deine Lieblingsagentur heraus und setze alles daran, an Bord zu kommen. Wenn's beim ersten Anlauf nicht klappt: Versuche herauszufinden, woran es gelegen hat. Arbeite an diesem Punkt und starte nach ein paar Monaten einen neuen Anlauf. Schaue am Anfang nicht auf das Geld. Sondern lieber auf

die Chancen und die Atmosphäre, die dir geboten werden. Wenn du exzellente Arbeiten entwickeln kannst, kommt das Geld automatisch.
Noch ein Trick unter der Hand: Bewerbe dich nicht bei der Personalabteilung, sondern direkt beim Creative Director, zu dem du willst. Mach in deinem kurzen (!) Anschreiben deutlich, dass du ihn ganz bewusst ausgewählt hast. Erwähne die eine oder andere Arbeit aus seinem Team, die dir gefällt. Wenn er sich persönlich angesprochen fühlt, wird er sich höchstwahrscheinlich selbst um deine Bewerbung kümmern. Mit etwas Glück sparst du so eine Menge Zeit.

Buchtipps

Bücher von anderen

Arden, Paul: »It's not how good you are, it's how good you want to be«, Phaison Verlag, ISBN: 978-0-7148-4337-7
D&AD: »The Copy Book«, TASCHEN-Verlag, ISBN-13: 978-3836528312
Jung, Holger und von Matt, Jean-Remy: »Momentum. Die Kraft, die Werbung heute braucht«, Lardon-Verlag, ISBN-13: 978-3897690318
Schneider, Wolf: »Deutsch für Profis«, Goldmann-Verlag, ISBN-13: 978-3442161751

Bücher von mir

Barth, Philipp: »Das Buch für Ideensucher. Denkanstöße, Inspirationen und Impulse für Kreative«, Rheinwerk Verlag, ISBN: 978-3-8362-4282-0
Barth, Philipp: »Von der Kunst, einfach anzufangen«, Rheinwerk Verlag, ISBN 978-3-8362-5596-7

Wie geht's weiter?

jvm-academy.org
miamiadschool.de
texterschmiede.de

Danke

Ohne meine ehemaligen Chefs hätte ich dieses Buch so nicht schreiben können. Ein herzliches Dankeschön an Jean-Remy von Matt, Holger Jung, Peter Waibel, Achim Jäger, Deneke von Weltzien, Oliver Voss, Bernhard Lukas, Thim Wagner, Götz Ulmer, Ove Gley, Constantin Kaloff, Frank Lübke, Hans Köln und Werner Hartinger.
Ich bedanke mich auch bei allen Kolleginnen und Kollegen, die mich auf meinem Weg begleitet haben. Besonderer Dank geht an meine Teampartner Mirjam Wagner, Christine Sehm, Doris Hünteler, Holger Oehrlich, Mikel Zoelch, Tobi Eichinger, Oliver Grandt, Rolf Leger und Shin Oh.
Danke auch an alle Kreativen, deren Arbeiten ich hier als leuchtende Beispiele präsentieren durfte. Danke an meine Lektorin Ruth Lahres und das Team vom Rheinwerk Verlag und an alle Testleserinnen und Testleser für ihre Hinweise.
Und zu guter Letzt: Danke an alle, die sich sogar das Kapitel »Danke« durchgelesen haben.

Nachwort

So, nun ist unsere gemeinsame Zeit leider zu Ende. Ich wünsche dir viel Erfolg und Freude auf deinem Weg und hoffe, du schließt dieses Buch mit dem Gefühl, etwas gelernt zu haben. Über dein Feedback würde ich mich freuen. Du erreichst mich unter philippbarth@adc.de. Also: Mach's gut! Halt die Ohren steif. Es war schön, von dir gelesen zu werden.

Über den Autor

Philipp Barth arbeitet als freier Texter, Konzeptioner und Autor und gibt sein Wissen rund um die Themen Ideenfindung und Storytelling in Vorträgen und Workshops weiter. Davor war er 13 Jahre für die Agentur Jung von Matt tätig. Als Creative Director und Geschäftsleiter Kreation entwickelte er Werbekampagnen für Marken wie BMW, Bosch, DHL, IWC, Mey und Mercedes-Benz. Mehr unter *philippbarth.com*.

Quellenverzeichnis

Seite 13: Sixt: Angela Merkel. Agentur Jung von Matt. Auftraggeber: Sixt GmbH

Seite 14: Lynx: Ideal Woman: Agentur BBH. Auftraggeber: Unilever

Seite 17: Deutsche Bank: Macht Kunst. Agentur Scholz & Friends. Auftraggeber: Deutsche Bank

Seite 18: KLM: Must-See-Map. Agentur Code d'Azur. Auftraggeber KLM

Seite 19: Nike: Chalkbot. Agentur Wieden+Kennedy. Auftraggeber: Nike Inc.

Seite 20: Old Spice: Smell like a man, man. Agentur Wieden+Kennedy. Auftraggeber: Procter & Gamble

Seite 27: Krass-Optik: Agentur Scholz & Friends. Auftraggeber: Krass Optik

Seite 31: Mercedes-Benz: Sorry. Agentur Jung von Matt/Neckar. Auftraggeber: Daimler AG

Seite 32: Axe Mature. Agentur Dokyo. Auftraggeber: Unilever

Seite 33: Guinness: Wheelchair. Agentur BBDO. Auftraggeber: Guinness

Seite 34: DHL: Trojan Mailing. Agentur Jung von Matt/Neckar. Auftraggeber: DHL AG

Seite 50: Levi's, When the world zigs, zag. Agentur BBH. Auftraggeber: Levi's

Seite 53: Dr. Best. Agentur Grey. Auftraggeber: Lingner+Fischer

Seite 63: Harvey Nichols: Sorry, I spent it on myself. Agentur adam&eveDDB. Auftraggeber: Harvey Nichols

Seite 65: Nike: Write the future. Agentur Wieden+Kennedy. Auftraggeber: Nike

Seite 68: Heineken: Five. Agentur Aimaq Rapp Stolle. Auftraggeber: Heineken

Seite 69: Rom: The American Rom. Agentur McCann Erickson, Bukarest. Auftraggeber: Kandia Dulce

Seite 70: VW: Double Checked. Agentur AlmapBBDO. Auftraggeber: Volkswagen AG

Seite 71: GE: Das GE in GErmany. Agentur Jung von Matt. Auftraggeber: General Electric

Seite 72: Thomson: Bear. Agentur Beattie McGuinness Bungay (BMB). Auftraggeber: TUI Group

Seite 73: Fcuk. Agentur Trevor Beattie. Auftraggeber: French Connection UK

Seite 74: KitKat: Break. Agentur JWT. Auftraggeber: Nestlé AG

Seite 75: Coca-Cola Light: 90-60-90. Agentur Springer & Jacoby. Auftraggeber: Coca-Cola Comp.

Seite 75: Mercedes-Benz: Sprinter applies for a job. Agentur Lukas, Lindemann, Rosinski. Auftraggeber: Daimler AG

Seite 76: WWF: Steppe. Agentur Ogilvy & Mather. Auftraggeber: WWF

Seite 77: Sparkasse: Kalender der Träume. Agentur Jung von Matt/Alster. Auftraggeber: Sparkasse

Seite 77: Sony Music: Halbmast. Agentur Aimaq Rapp Stolle. Auftraggeber: Sony Music

Seite 78: IWC: Fisch. Agentur Jung von Matt. Auftraggeber: International Watch Comp.

Seite 81: HypoVereinsbank: Leben Sie. Agentur Wieden+Kennedy. Auftraggeber: HypoVereinsbank

Seite 83: Hornbach. Agentur Heimat. Auftraggeber: Hornbach

Seite 85: Think different. Agentur TBWA/Chiat Day. Auftraggeber: Apple

Seite 90: Head and Shoulders. Agentur Del Campo Saatchi Saatchi Argentinien. Auftraggeber: Procter & Gamble

Seite 96: Lidl: Dill Restaurant. Agentur INGO. Auftraggeber: LIDL

Seite 97: Volvo: Epic Split. Agentur Forsman & Bodenfors. Auftraggeber: Volvo

Seite 97: BMW: Mouse. Agentur TBWA/Hunt/Lascaris. Auftraggeber: BMW

Seite 99: Cinemaxx: Besser, Sie sind nicht da. Agentur Jung von Matt. Auftraggeber: Cinemaxx

Seite 100: Die Bahn: Lenkrad. Agentur Jung von Matt. Auftraggeber: Deutsche Bahn AG

Seite 101: TNT: Push the button. Agentur Duval Guillaume. Auftraggeber: TNT

Seite 102: Ecko Unltd: still free. Agentur Droga5. Auftraggeber: Ecko Unltd.

Seite 104: Obermutten: Likes. Agentur Jung von Matt/Limmat. Auftraggeber: Obermutten GR Gemeindeverwaltung

Seite 104: CORE4: Every Like a Live-Show. Agentur CORE4. Auftraggeber: CORE4

Seite 105: Masterfoods: Touch the Rainbow. Agentur BBDO. Auftraggeber: Masterfoods

Seite 106: NESCAFÉ Dolce Gusto Mini Me: Porträts. Agentur Jam. Auftraggeber: Nestlé AG

Seite 109: Mustang: Epic Denim. Agentur Kolle Rebbe. Auftraggeber: Mustang

Seite 110: Sixt: Mitarbeiter des Monats. Agentur Jung von Matt. Auftraggeber: Sixt GmbH

Seite 112: Diakonie Frankfurt: Days of Hope. Agentur Saatchi & Saatchi. Auftraggeber: Diakonie Frankfurt & Partners

Seite 113: Fiona Bennett: Schöne Hüte. Agentur Scholz & Friends. Auftraggeber: Fiona Bennett

Seite 115: Teatreneu: Pay per Laugh. The Cyranos McCann Worldgroup. Auftraggeber: Teatreneu, Barcelona

Seite 115: Mercedes-Benz: Invisible Drive. Agentur Jung von Matt/Alster. Auftraggeber: Daimler AG

Seite 120: SwissLife. Agentur Leo Burnett. Auftraggeber: SwissLife

Seite 120: Hornbach: Legenden. Agentur Heimat. Auftraggeber: Hornbach

Seite 121: Spontex: Abschied. Agentur TBWA Auftraggeber: Newell Brands

Seite 122: Harry's: Kissenbrot. Agentur TBWA. Auftraggeber: Harry's

Seite 123: Mercedes-Benz: Vater Natur. Agentur Jung von Matt. Auftraggeber: Daimler AG

Seite 124: beyerdynamics: Huge in Japan. Agentur Jung von Matt/Alster. Auftraggeber: beyerdynamics

Seite 125: BMW: Pfeffer. Agentur Jung von Matt. Auftraggeber: BMW AG

Seite 125: Mercedes Benz: Herz belastet. Agentur Jung von Matt. Auftraggeber: Daimler AG

Seite 126: Mercedes-AMG: Umkehr. Agentur Jung von Matt. Auftraggeber: Daimler AG

Seite 127: DMAX: Liegestützen. Agentur Jung von Matt. Auftraggeber: DMAX

Seite 127: IWC: Abweichen. Agentur Jung von Matt. Auftraggeber: International Watch Comp.

Seite 128: Gatorade: Müll. Agentur DDB Berlin. Auftraggeber: Gatorade

Seite 129: BMW: Weltkarte. Agentur Jung von Matt/Alster. Auftraggeber: BMW

Seite 129: Intertool Sägeblatt. Agentur Ogilvy Frankfurt. Auftraggeber: Intertool

Seite 130: Farbraum: Biene. Agentur Grabarz & Partner. Auftraggeber: Farbraum. Digital Art

Seite 130: Gillette: Poker. Agentur BBDO. Auftraggeber: Gillette

Seite 132: Sixt: Müllwagen. Agentur Jung von Matt. Auftraggeber: Sixt GmbH

Seite 133: BMW: Vorhöfe. Agentur Jung von Matt. Auftraggeber: BMW AG

Seite 133: IWC: offener Mund. Agentur Jung von Matt. Auftraggeber: International Watch Consortium

Seite 134: Sixt: Bohlen. Agentur Jung von Matt. Auftraggeber: Sixt GmbH

Seite 135: Kirchentag: Heiligenschein. Agentur Scholz & Friends Berlin. Auftraggeber: Ökomenischer Kirchentag

Seite 135: Buenos Aires Zoo: 115 Jahre. Agentur Saatchi & Saatchi Argentinien. Auftraggeber: Zoo Buenos Aires

Seite 137: Dove: Real Beauty Sketches. Agentur Ogilvy Brasilien. Auftraggeber: Unilever

Seite 137: Nike: Find your Greatness. Agentur Wieden + Kennedy. Auftraggeber: Nike

Seite 138: UNICEF: Repay-for-Good-App. Agentur Serviceplan. Auftraggeber UNICEF

Seite 139: MAD: Weniger Leser. Agentur Serviceplan. Auftraggeber: DC Comics

Seite 139: Baden-Württemberg: Ur-Ur-Ur. Agentur Scholz & Friends Berlin. Auftraggeber: Land Baden-Württemberg

Seite 140: Coca-Cola: Let them know. Agentur Wieden+Kennedy. Auftraggeber: Coca-Cola Comp.

Seite 140: Economist: Readers. Agentur Abbott Mead Vickers BBDO. Auftraggeber: The economist

Seite 141: Dat Backhus: Gutes Brot. Agentur Springer & Jacoby. Auftraggeber: Heinz Bräuer GmbH

Seite 142: Ariel Color: Abi '67. Agentur Saatchi & Saatchi. Auftraggeber: Procter & Gamble

Seite 142: Olympus: Optical Zoom. Agentur JWT. Auftraggeber: Olympus

Seite 143: Spontex: Wasserstelle. Agentur TBWA Paris. Auftraggeber: Newell Brands

Seite 144: Levi's: Odyssey. Agentur KesselsKramer. Auftraggeber: Levi's

Seite 146: Geo: Zuhause bleiben. Agentur Kolle Rebbe. Auftraggeber: Gruner und Jahr

Seite 146: Sixt: Neid und Missgunst. Agentur Jung von Matt. Auftraggeber: Sixt GmbH

Seite 147: Matchbox: Highway. Agentur Ogilvy Frankfurt. Auftraggeber: Mattel Inc.

Seite 148: Harvey Nichols: Behave. Agentur Y&R Dubai. Auftraggeber: Harvey Nichols

Seite 148: New Zealand Government: Unfallbett Agentur Clemenger BBDO Wellington. Auftraggeber: Land Transport New Zealand and the New Zealand Police

Seite 150: Diesel: Be stupid. Agentur Anomaly. Auftraggeber: Diesel S.p.A.

Seite 151: Thomson: Simon the Ogre. Agemtir BMB. Auftraggeber: TUI Travel UK

Seite 153: OroVerde: Kampf um den Regenwald. Agentur Ogilvy. Auftraggeber: OroVerde – Die Tropenwaldstiftung

Seite 154: Porsche: Familienauto. Agentur Jung von Matt. Auftraggeber: Porsche AG

Seite 155: Churches Of The Love Singapore Movement: Ad. Agentur Ogilvy & Mather Singapore. Auftraggeber: Churches Of The Love Singapore Movement

Seite 156: National Newspapers of Ireland: Full Page. Agentur Chemistry, Dublin. Auftraggeber: Press Council of Ireland

Seite 156: Burger King: Fiery Fries. Agentur Saatchi & Saatchi Singapore. Auftraggeber: Burger King

Seite 157: Albert Nolten: Handmade shoes. Agentur YokYor. Auftraggeber: Albert Nolten

Seite 158: Solidary Doctors: People are all the same. Agentur Salles Chemistri, Sao Paulo. Auftraggeber: Solidary Doctors

Seite 159: Ikea: Playin' with my friends. Agentur Mother. Auftraggeber: Ikea

Seite 161: Mercedes-Benz: Tankwart. Agentur Springer & Jacoby. Auftraggeber: Daimler AG

Seite 162: Mercedes-Benz: Legendewagen und Thunderstatement. Agentur Jung von Matt. Auftraggeber: Daimler AG

Seite 162: Mey: Allerwertlosester. Agentur Jung von Matt. Auftraggeber: Mey GmbH

Seite 163: DHL: Schnellste Verbindung. Agentur Jung von Matt. Auftraggeber: DHL AG

Seite 164: BMW: Verdichtete Intensität. Agentur MAB. Auftraggeber: BMW AG

Seite 165: Mey: Waschbrett. Agentur Jung von Matt. Auftraggeber: Mey GmbH

Seite 166: Niedersachsen: Messe. Agentur Jung von Matt/Alster. Auftraggeber: Land Niedersachsen

Seite 167: Axe: Destiny. Agentur Ponce, Buenos Aires. Auftraggeber: Unilever

Seite 177: Mercedes-Benz 1989: Ersatzteil. Agentur Springer & Jacoby. Auftraggeber: Daimler AG

Seite 178: Mercedes-Benz 1994: Kritik von allen Seiten. Agentur Springer & Jacoby. Auftraggeber: Daimler AG

Seite 194: BMW: Früher sehen, was kommt. Agentur Jung von Matt/Alster. Auftraggeber: BMW AG

Seite 194: AA: Hitch-Hiker. Agentur Wundermann. Auftraggeber: AA

Seite 196: Hornbach: Der Hornbach Hammer. Agentur Heimat. Auftraggeber: Hornbach AG

Seite 197: Breuninger: Message in a Bubble. Agentur Jung von Matt/Neckar. Auftraggeber: Breuninger

Seite 197: Smart: Eball. Agentur BBDO Proximity Berlin. Auftraggeber: Daimler AG

Seite 199: OBI: Renovated Billboards. Agentur Jung von Matt. Auftraggeber: OBI

Seite 199: Lufthansa: Exit-Männchen. Agentur Springer & Jacoby. Auftraggeber: Lufthansa AG

Seite 201: BMW: The Hire. Agentur Fallon. Auftraggeber: BMW AG

Seite 202: Coca-Cola: Journey. Agentur und Auftraggeber: Coca-Cola Comp.

Seite 204: Hasbro: Office War. Agentur MediaCom Germany. Auftraggeber: Hasbro

Seite 205: Coca-Cola: Ahh-Moments. Agentur Wieden + Kennedy, Portland. Auftraggeber: Coca-Cola Comp.

Seite 206: #Lexusinstafilm. Agentur Team One. Auftraggeber: Toyota

Seite 209: Quizduell © FEO Media AG

Seite 209: ALS Ice Bucket Challange © ALS Association

Seite 215: Appenzeller: Bank. Agentur Contexta. Auftraggeber: Appenzeller Käse GmbH

Siete 216: Facebook Awards © Facebook

Seite 217: intel: Museum of Me. Agentur Projector Inc. Auftraggeber: Intel Corp.

Seite 217: Burger King: Whopper Sacrifice. Agentur Crispin Porter + Bogusky. Auftraggeber: Burger King

Seite 218: Evangelisches Jugendwerk in Württemberg: Joseph twittert. Agentur Jung von Matt/Neckar. Auftraggeber: Evangelisches Jugendwerk

Seite 220: Mercedes-Benz CLA: Take the Wheel. Agentur Razorfish. Auftraggeber: Daimler AG

Seite 221: Fanta und Julien Bam. Agentur Scholz & Volkmer. Auftraggeber: Coca-Cola Comp.

Seite 227: L'Oréal: Makeup Genius. Agentur McCann. Auftraggeber: L'Oréal

Seite 228: 13th Street Universal: The Witness. Agentur Jung von Matt. Auftraggeber: 13th Street Universal

Seite 229: Smart: TXTBKS. Agentur DDB DM9. Auftraggeber: Smart Communications Inc.

Index

C

D

E

F

G

H

I

J

K

L

M

N

V

W

Z

BEI PRäSENTATIONEN, IN DER IDEENFINDUNG, BEI PROBLEMANALYSEN ODER AUCH IM KREATIVEN ALLTAG!
EDDY 400
Denken mit dem Stift
Ein Repertoire an Scribbles
Hi
DENKEN mit dem Stift
Schritt für Schritt erklärt
Graphic Thinking
SKETCHNOTES KANN JEDER
Ines Schaffranek
Visuelle Notizen leicht gemacht
→ Vom ersten Strich zur eigenen Sketchnote
→ Für EINSTEIGER und FORTGESCHRITTENE
→ Mit umfangreichen Symbol-Bibliotheken
neue SICHTweisen
VISUAL THINKING
INFORMATIONEN anschaulich DOKUMENTIEREN
Rheinwerk Design
214 Seiten, broschiert, 24,90 €
ISBN 978-3-8362-4337-7
Draw whats on you're mind